U0157490

集中供热系统
低碳清洁化演进技术研究

王晋达　周志刚　赵加宁　著

电子工业出版社·

Publishing House of Electronics Industry

北京·BEIJING

内 容 简 介

本书聚焦既有城市供热系统低碳清洁化演进技术研究，包括：室内供热系统分阶段降低运行参数，城市可再生能源多能互补低温区域供热系统及其热源；基于既有供热系统的低碳清洁化能源站设备的优化配置；基于既有区域能源系统的低碳清洁化热源的优化配置；建立了热电协同调度的优化模型等，为区域供热系统热电一体化调度提供了算法。本书为第四代区域供热系统奠定了基础。

本书可供城市供热、供电、可再生能源等专业的工程技术人员使用，也可作为高等学校师生的参考资料。

未经许可，不得以任何方式复制或抄袭本书之部分或全部内容。

版权所有，侵权必究。

图书在版编目（CIP）数据

集中供热系统低碳清洁化演进技术研究 / 王晋达，周志刚，赵加宁著. —北京：电子工业出版社，2023.1

（碳中和倒计时）

ISBN 978-7-121-44820-1

Ⅰ. ①集… Ⅱ. ①王… ②周… ③赵… Ⅲ. ①集中供热－节能－研究 Ⅳ. ①TU995

中国版本图书馆 CIP 数据核字（2022）第 254441 号

责任编辑：刘小琳
印　　刷：天津千鹤文化传播有限公司
装　　订：天津千鹤文化传播有限公司
出版发行：电子工业出版社
　　　　　北京市海淀区万寿路 173 信箱　邮编：100036
开　　本：720×1 000　1/16　印张：11.5　　字数：190 千字
版　　次：2023 年 1 月第 1 版
印　　次：2023 年 1 月第 1 次印刷
定　　价：88.00 元

凡所购买电子工业出版社图书有缺损问题，请向购买书店调换。若书店售缺，请与本社发行部联系，联系及邮购电话：(010) 88254888，88258888。

质量投诉请发邮件至 zlts@phei.com.cn，盗版侵权举报请发邮件至 dbqq@phei.com.cn。

本书咨询联系方式：liuxl@phei.com.cn，(010) 88254538。

前　言

　　中国已经向《联合国气候变化框架公约》递交了《强化应对气候变化行动——中国国家自主贡献》的文件,确定了碳排放在 2030 年达到峰值,2060 年实现零碳排放的目标。2017 年国家发展和改革委员会、国家能源局等联合印发的文件《北方地区冬季清洁取暖规划（2017—2021 年）》中明确提出,到 2021 年,北方地区清洁取暖率达到 70%。研究表明,清洁能源绝大部分就是低碳甚至零碳能源,包括太阳能、风能、地热能、工业余热能、生物质能、核能等。到 2022 年,距离清洁低碳的供热目标还很遥远,这是为什么呢?

　　2014 年,国外学者首次提出了第四代区域供热系统。第四代区域供热系统的基本特点就是将低温供热和低能耗建筑有机结合。还有学者提出了第五代区域供热供冷系统。第五代区域供热供冷系统的主要特征是热媒的介质温度更低,接近周围土壤的温度,可以非常高效地利用各种余热和可再生能源,并且这些能源的利用成本很低。作者认为,我国之所以没有实现 2021 年北方地区 70% 的低碳清洁取暖目标,重要原因之一是目前的供热系统,特别是城市热电联产集中供热系统的热媒温度高,这严重阻碍了这些低碳低品位清洁能源的应用,更谈不上高效应用和廉价应用。鉴于此,必须研究解决既有热电联产集中供热系统和室内供热系统的低温低碳清洁运行。随着建筑节能改造的深入进行,现有供热设备设施、供热管网,逐渐向低碳、清洁、可再生能源多能互补低温区域供热系统过渡,向第四代区域供热系统过渡。只有这样,才能较好地解决可再生能源的品质和既有城市集中供热热媒温度不匹配的矛盾,才能打开低品位低碳清洁可再生能源供热应用的大门,为供热行业 2060 年实现零碳排放的目标提供保障。

第 1 章为绪论，介绍了集中供热系统低碳清洁化的背景和意义，供热技术的现状与问题，以及推进低碳清洁供热技术的途径等。

第 2 章研究了降温运行以后，散热器供暖系统存在的问题和解决方法，提出了随着建筑节能改造的深入进行，室内供热系统温度先由 75/50℃降低到 50/40℃，待节能率为 65%的建筑的散热器面积改造到满足室温要求后，保持散热器面积不变；节能率继续提高，直到大于 75%后，温度再降低到 45/35℃；待全部建筑节能率达 88%以后，温度再降低到 40/30℃。

第 3 章提出了既有供热系统转化为多能互补低温区域供热系统的设想，重点介绍了单管区域供热系统、双管区域供热系统、三管区域供热系统的原则性系统图。

第 4 章分析了基本热源、集中调峰热源、能源站、双向能源站。本章基于热源用能源性质等，推荐了哪些适合作为基本热源、哪些适合用作集中调峰热源、哪些可以作为能源站。本章重点提出了双向能源站原则性系统图。

第 5 章针对既有供热系统进行了低碳清洁化改造——在既有管网新建能源站。本章提出基于整个供热系统供热季节净收益最大化的能源站设备容量优化计算模型，以及适宜的模式搜索算法，并分析讨论了能源净收益的影响因素，指出既有 130℃的供水温度严重制约了热泵的运行小时数。

第 6 章针对既有区域能源系统进行了低碳清洁化热源改造。本章提出了基于整个区域能源系统（包括各种发电机组、热电机组、供热机组等）供热季净收益最大化的清洁热源设备容量的优化计算模型，得出结论：供热季能源净收益最大化和总弃风最小的目标不一致。其中，电锅炉对于消纳风电最好，而电热泵经济性最好。

第 7 章以特定的案例建立了稳态水力热力仿真模型。研究了管道蓄放热能力，包括提高供回水温度的蓄放热模式、增大循环流量的蓄放热模式、综合改变供回水温度和流量的蓄放热模式等。

第 8 章研究了北方地区典型区域能源系统热电一体化协同调度。建立了区域能源系统热电一体化协同调度模型，提出了优化问题的目标函数和约束条件。针对特定案例进行仿真计算，对各机组的逐时供热供电功率尤其是风电并网电量及其变化规律进行了深入分析。

本书由王晋达撰写，由王晋达、周志刚、赵加宁统稿。

由于作者学术水平有限，书中难免存在错漏之处，恳请各位读者批评指正！

王晋达、周志刚、赵加宁

2022 年 12 月 4 日

目　录

第 1 章

绪　论

1.1 背景和意义

1.1.1 碳达峰与碳中和

"碳达峰"是指二氧化碳的排放总量达到峰值以后,不再随着时间的推移而增长,而是逐步下降。"零碳排放"是指碳排放的总量为零。零碳排放并不等于局部没有碳排放,而是碳源和碳汇的数量相等,通过碳中和使总量实现零碳排放。碳源包括企业、团体和个人直接或间接产生的温室气体排放量,碳汇包括植物、植被、森林等,二者量值相等时相互抵消,实现二氧化碳零排放。中国已经向《联合国气候变化框架公约》递交了《强化应对气候变化行动——中国国家自主贡献》,确定了双碳目标,即二氧化碳排放峰值的目标定在 2030 年左右实现,而零碳排放的目标定在 2060 年左右实现,简称"双碳目标"。

在"双碳目标"要求下,建筑物要达到规定的节能指标,必须进行能源结构的深度调整。在现有热电联产集中供热的基础上,一方面进一步提高煤炭利用率,减少单位发电供热耗煤量;另一方面压缩火电厂供热比例,增加地热能、太阳能、风能、核能、工业余热、空气能等非碳基能源的供热量。

1.1.2 风电发展与弃风

随着能源转型和相关技术的日益成熟,我国可再生能源的开发利用在过去 20 年间取得了长足进步,其中风电产业的发展尤其迅速[1]。

图 1-1 所示为截至 2021 年年底全国主要省份的风电累计装机容量，可以看到，我国的风电开发集中在西北、华北及东北地区。近年来，我国风电并网装机容量持续增长，2019 年突破 2 亿千瓦，2021 年突破 3 亿千瓦大关，如表 1-1 所示。目前，我国风电并网装机容量已连续 12 年稳居全球第一。2016—2021 年我国太阳能发电、核电、水电都在逐年增长，如表 1-2 所示。

单位：万千瓦

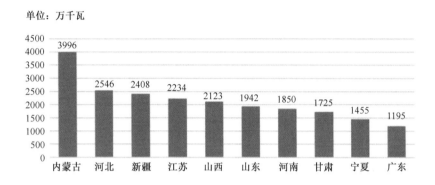

图 1-1 截至 2021 年年底全国主要省份的风电累计装机容量

图 1-2 为 2011—2015 年全国弃风状况统计，可以看到，全国平均弃风率虽起伏波动，但每年风电机组的总弃风电量均大于百亿千瓦时，累计经济损失在 500 亿元以上[2]。从表 1-1 中可见，2016 年以后，全国平均弃风率逐年下降，但是三北（东北、华北、西北）地区的弃风率仍然较高。全国弃风率下降的主要原因是近几年高压输送电网的建设，而三北地区弃风率较高的重要原因之一是冬季热电联产机组保证集中供热，风电消纳能力有限。尽管弃风率有所下降，但是总弃风电量仍在 166 亿千瓦时以上，2021 年的总弃风量约 200 亿千瓦时。

集中供热系统低碳清洁化演进技术研究

表 1-1 2016—2021 年我国风力发电发展状况统计

年　度	2016 年	2017 年	2018 年	2019 年	2020 年	2021 年
风电总装机容量/万千瓦	14864	16367	18426	23005	28153	32848
年增长率/%	13.2	10.1	12.6	24.9	22.4	16.7
全国平均弃风率/%	17	12	7	4	3	3.1
新疆弃风率/%	38	29	23	14	10.3	7.4
甘肃弃风率/%	43	33	19	7.6	6.4	3.9
内蒙古弃风率/%		15	10	7.1	7	×
吉林弃风率/%	30	21	7	3	—	×
青海弃风率/%	—	—	—	—		×
年度风力发电总量/亿千瓦时	1490	3057	3660	4057	4665	6526
弃风总量/亿千瓦时	—	419	277	169	166	200

注：1. 表中总装机容量摘自国家能源局发布的相应年度的全国电力工业统计数据，年增长率为计算值，与发布值稍有差别。

2. ×为 2021 年前三季度数据，内蒙古西部的弃风率为 8.9%、内蒙古东部的为 2.5%、青海的为 11.2%、吉林的为 3%。

表 1-2 2016—2021 年我国太阳能发电、核电、水电发展状况统计

年　度	2016 年	2017 年	2018 年	2019 年	2020 年	2021 年
太阳能发电总装机容量/万千瓦	7742	13025	17463	20468	25343	30656
年增长率/%	81.60	68.2	33.9	17.4	24.1	20.9
年　度	2016 年	2017 年	2018 年	2019 年	2020 年	2021 年
核电总装机容量/万千瓦	3364	3582	4466	4874	4989	5326
年增长率/%	2.4	6.5	24.7	9.1	2.4	6.8
年　度	2016 年	2017 年	2018 年	2019 年	2020 年	2021 年
水电总装机容量/万千瓦	33211	34119	35226	35640	37016	39029
年增长率/%	3.9	2.7	3.2	1.2	3.9	5.4

注：表中总装机容量摘自国家能源局发布的相应年度的全国电力工业统计数据，年增长率为计算值，与发布值稍有差别。

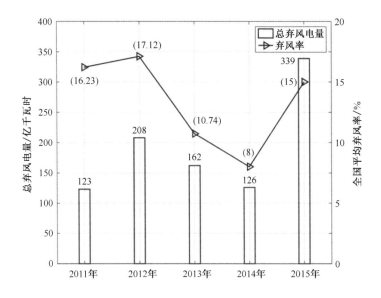

图 1-2 2011—2015 年间全国弃风状况统计

从表 1-1 和表 1-2 可以看出，2021 年，水电、核电总装机容量年增长率都有较大提升，但总体保持在 1 位数，相对较小；而太阳能发电和风力发电总装机容量年增长率保持在 2 位数，发展仍然非常迅猛。

1.1.3 清洁供热目标

煤炭一直是我国最重要的一次能源，煤炭能源供应在 2016 年高达 66.7%[3]。受限于能源供应和经济发展水平，我国三北地区的冬季供热同样主要依赖煤炭。2016 年，仍有约 4 亿吨标准煤被用于满足城镇、乡村的居民供热需求（总供热面积 172 亿平方米，占比约 83%），而其他能源如天然气、地热能、电能、生物质能和工业余热只承担约 17% 的供热面积[4-5]，如表 1-3 所示。其中有约 2 亿吨原煤在我国乡村地区被直接燃烧，产生的烟不经任何处理便直接排放到大气中[6]。

表 1-3　与建筑面积相应的供热能源结构（2016 年）

能　　源	非清洁燃煤	清洁超低排放燃煤	天然气	地热能	电能	生物质能	工业余热
总供热面积/×10⁹kW·h	137	35	22	5	4	2	1
占比/%	66.50	17.00	10.77	2.40	1.90	1.00	0.50

然而由于热电联产和燃煤锅炉相比具有较高的煤炭利用率，火电机组在三北地区的电力装机份额逐年提升[7]。作为区域供热系统的基础热源，热电厂在整个供热季始终保持较高的热电功率。保障民生以热定电，使得可再生能源无法替代。为此大量学者开展了利用风电进行供热，提升可再生能源供热比例等研究。与此同时，一系列与能源清洁生产和高效利用有关的政策措施、宏观规划和技术指导文件陆续出台，新建清洁化供热系统及既有热电联产供热系统的清洁化升级改造蓬勃展开。

清洁供热是利用一些可再生能源，如太阳能、光伏电、风电、空气能、地热能、工业余热等，以及超低排放燃煤机组，通过高效能源转化设备实现污染物排放低、能耗低的供热方式。2017 年，国家发展和改革委员会、国家能源局等联合印发的《北方地区冬季清洁取暖规划（2017—2021 年）》的文件中明确提出，要在 2021 年实现北方地区 70% 的清洁取暖比例，建筑供热平均能耗强度同时降至 15kgce/m², 分解目标如图 1-3 所示。

与 2021 年的规划目标相比，目前的供热发展态势并不乐观。从我国清洁供热的发展历程可以看到，清洁供热面积年平均增长率远低于规划需要达到的年均增长率（23.5%）。

总之，实现低碳清洁供热的任务十分艰巨；然而丰富的可再生能源储备，以及快速发展的风电、光电、核电等可再生能源和新能源电产业为供热系统低碳清洁化升级提供了良好的外部条件[8-9]；而高效电热转化设备及各种蓄热设备等的开发应用则提供了设备支撑；云计算、大数据、各种仿真技术，优化技术为热电协同优化调度提供了科技支撑。我们有理由相信，通过开展热电联产的清洁化改造，新建多能互补低温区域供热系统，必将为区域能源（电能和热能）的清洁化做出贡献。

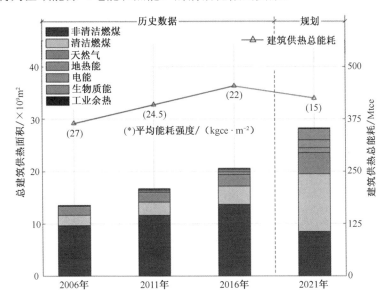

图 1-3　北方地区清洁供热的历史状况与未来规划

1.2　供热技术的现状与问题

1.2.1　现行规范

现行的《城镇供热管网设计规范》（CJJ 34）第 4.2.2 条第 1 款规定：（集中供热系统）以热电厂或大型区域锅炉房为热源时，设计供水温度可取 110～150℃，回水温度不应高于 70℃。热电厂采用一级加热时，供水温度取较小值；采用二级加热（包括串联尖峰锅炉）时，供水温度取较大值。根据第 4.2.2 条第 2 款规定：以小型区域锅炉房为热源时，设计供回水温度可采用户内供热系统的设计温度。而现行的《民用建筑供暖通风与空气调节设计规范》（GB 50736）第 5.3.1 规定：散热器供热系统应采用热水作为热媒；散热器集中供热系统宜按 75/50℃ 连续供热进行设计，且供水温度不宜大于 85℃，供回水温差不宜小于 20℃。

所以到目前为止，热电联产及大型区域锅炉房供热系统一级网的设计温度普遍为 130/70℃，二级网设计温度普遍为 75/50℃。

1.2.2　高温热媒与低品位可再生能源

整个供热系统，从一级网到二级网，再到室内散热器供热系统，管道供回水温度都比较高，低品位能源无法直接利用，这既消耗了化石燃料又浪费了低品位清洁能源。当采用热泵技术，利用低品位能源向高温系统供热时，需要较高的热泵冷凝温度，大大降低了热泵运行效率，热泵能效比大幅下降。图 1-4、图 1-5 依次表示了单效、双效溴化锂吸收式热泵机组 COP（能效比）与冷凝器冷凝温度的关系。

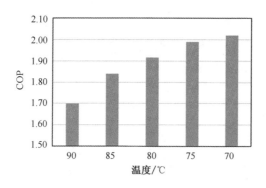

图 1-4　单效溴化锂吸收式热泵机组 COP 与冷凝器冷凝温度的柱状图

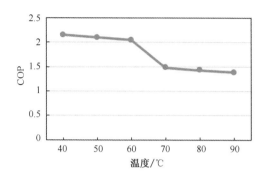

图 1-5 双效溴化锂吸收式热泵机组 COP 随冷凝器冷凝温度的变化曲线

对于热电联产供热系统，要把 70℃的回水加热到 130℃送出，一方面，需要抽汽压力在 0.4MPa 以上、饱和温度在 140℃以上，以满足供水温度为 130℃的要求；另一方面，70℃的回水返回热源，为了回收汽轮机乏汽余热，不得不采用热泵技术。否则就是吸收式热泵热力站技术，吸收式热泵热力站使回水温度降低到 20℃左右，但是吸收式热泵热力站要求较大的热力站占地面积，这对一些一线城市、二线城市来说比较困难。

如果热网供回水温度下降到 85/40℃，就可以利用 60kPa 的超高背压乏汽把 40℃的回水直接加热到 85℃，不需要抽 0.4MPa 的蒸汽，也不需要启动热泵全部回收乏汽热量，煤炭利用率达到最大。太原市太古长输供热工程热网循环水采用梯级加热，即分段提高乏汽压力，把热网回水由 30℃逐级加热到 45℃、54℃、70℃、81℃、89℃，然后再通过抽汽把 89℃的热水加热到设计供水温度 130℃，在电厂总供热负荷 3484MW 中，乏汽供热负荷为 2056MW，抽汽供热负荷为 1428MW，乏汽供热负荷占总供热负荷的 59%，抽汽供热负荷占总供热负荷的 41%。与此对应，电厂一个供热季供出热量为 $3.579×10^7$GJ，其中，乏汽供热量为 $2.609×10^7$GJ、抽汽供热量为 $0.970×10^7$GJ，乏汽供热量占总供热量的 73%、抽汽供热量占总供热量的 27%。

如果热网供水温度从 130℃下降到 70℃，回水温度从 70℃下降到

30℃，就可以利用 35kPa 的高背压乏汽，把 30℃的回水直接加热到 72℃，理论上乏汽余热被全部利用。我国威海热电集团有限公司利用高背压乏汽制定的热网供回水温度（2020 年 1 月前）分别为：高温网热水参数 75/45℃、低温网热水参数 65/45℃。系统内建设有 450 座混水泵站，供热面积达 3600 万平方米。

由此可见，热电联产集中供热系统如果采用较低的供回水温度，热电厂的乏汽会全部回收，煤炭利用率达到最大化，压缩煤炭用量达到最小，减少了㶲损失。

1.2.3　热力站间接连接

一级网热媒温度高，热用户热媒温度低，只能有两种系统解决方案。一是目前广泛采用的热力站间接连接系统；二是极少采用的混水泵直联系统。因为热媒温度高、压力大，所以为了热用户受到较低的作用压力，提高系统安全性，目前普遍采用热力站间接连接系统。热力站间接连接存在以下不足：第一，由于换热器换热存在端差，所以一级网回水温度和混水泵直联系统相比要高，因而管道输送能力下降；第二，换热器隔绝式连接，整个系统一级网循环泵功率和二级网循环泵功率远高于混水泵直联系统的功率；第三，热力站投资高、占地大、维修量大。

1.2.4　要求热泵出水温度高

一级网供回水温度 130/70℃，热泵若与供水管并网，会降低一级网温度，因而供热量受到限制；若与回水管并网，则既增加了无效的能源循环，也会影响电厂热源余热的高效回收。对于二级网散热器供热系统，设计供回水温度 75/50℃与供回水温度 50/40℃、45/35℃相比，热泵冷凝温

度达到 75℃也比较高，不利于经济高效地回收低温余热、新能源、可再
生能源等。

1.2.5 无补偿冷安装难以真正实现

高温网供水温度高、管道应力大，采用地沟敷设、架空敷设方式时，
补偿器数量多，增加了管道泄漏的危险性；采用预制保温管直埋敷设时，
难以实现真正意义上的无补偿冷安装。在高温网条件下，直埋无补偿冷安
装仅局限于长直管道，在三通、折角、变径、弯头等局部构件的两侧仍然
需要安装补偿器加以保护，以防高应力作用破坏管道。而对于 DN500 以
上的大直径管道，高温网在高应力状态下，长直管道无补偿冷安装还容易
发生局部失稳（局部屈曲），因而不得不采用预热安装，或者只能采用有
补偿器的敷设方式，或者增加管壁厚度。根据 EN13941 的规定，高于 110℃
的高温网不允许产生折角，这一点国内几乎无法做到，因为在竖向断面管
道沿途总是要改变坡度的，而改变坡度总是要产生折角的。

1.3 推进低碳清洁供热技术的途径

江亿院士在第四届中国供热学术会议上做了题为《我国供热行业零
碳排放发展路径》的报告。该报告推荐了零碳排放的热源，包括热电联产
（调峰煤电、核电、天然气发电、生物质燃料发电），以及工业余热、垃圾
处理余热等。这种零碳排放的热源投资最少、效益最大，城市热网资源还
可以得到充分利用，是北欧各国普遍采用的热源方案。

该报告提出了北方城镇供热实现零碳排放的时间表：2030 年以前，
改造目前的城镇管网和终端系统，使回水温度从目前的 50℃降低到 20℃

以下，通过回水温度的降低，回收电厂冷端余热，回收部分工业余热。开发核电余热、火电余热，建设跨区域热网，解决余热资源分布与建筑需求分布在地理位置上的不一致，依靠增加回收余热量满足热负荷逐年增加的需要。2030 年以后，逐渐停止或拆除燃煤热电厂，用风电、光电替代火电。到 2050 年，火电厂装机容量由 $1.2×10^9kW$ 降低到 $0.6×10^9kW$ 等。

该报告强调了实现供热零碳排放需要的基本技术：低品位余热采集技术，尽可能保持余热热量的品位；温度变换技术，把不同温度的余热调整到统一的温度水平；降低热网回水温度技术，改善末端换热设备（散热器）、吸收式热泵、电动热泵；多热源、带蓄热的大型热网整体调控技术；以及利用余热回水淡化、水热同送、水热分离、跨季节蓄热技术；等等。

2014 年，国外学者首次阐述了第四代区域供热系统及智能热网。区域能源系统（包含电网、热网和天然气网等）和低能耗建筑的有机结合是实现第四代区域供热的必要条件。而智能供热是使供热系统实现高效利用各类低温热源，关联高能效建筑和低温供热，实现建筑从单一的热用户转变为兼具生产和消费功能的分布式供能的关键技术。

在总结 2014—2018 年研究成果的基础上，一些学者还对实现第四代区域供热的成本，即供热系统的管网改造、供热调节控制的升级改造、热用户的建筑节能改造等初投资，以及运行费用，包括减少的管网热损失费用和高效利用低温能源节省的能源费用等进行了分析。从整个国家的角度出发，升级到第四代区域供热系统获得的经济效益是初投资成本的 4 倍左右。

有的学者还提出了针对第四代区域供热系统的动态水力、热力仿真模型。该模型把常规的混合整数优化控制解列为两个子问题，由此分离了离散变量和连续变量。针对一个含 103 个热力站的区域供热系统案例的仿真，验证了新模型可以较好地处理较大规模的第四代区域供热系统。因其求解速度快，新模型还能用于系统的实时优化调度。

　　更有学者进一步给出了第五代区域供热供冷系统。第五代区域供热供冷系统的主要特征为：首先，热媒介质的温度非常低，接近周围土壤的温度，因此几乎没有管网损失；其次，因为热媒介质的温度非常低，所以可以非常高效地利用各种余热和可再生能源，因此余热和可再生能源利用的成本很低；第三，借助分布式双向能源站与低温管网相连接，满足用户对热媒温度的各种要求，如图 1-6 所示。双向能源站既是管网的热用户，也是管网的热源。第五代区域供热供冷系统通过这种特殊的连接方式满足了各类用户的冷热需求，而冷热用户也能根据自身的能源条件和环境条件，随时进行热能生产和热能消费的转换。

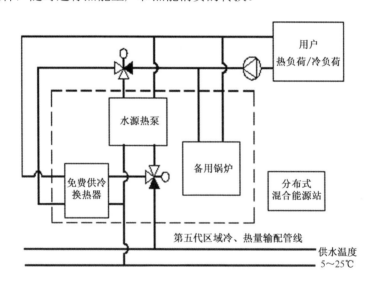

图 1-6　适用于第五代区域供热供冷系统的双向能源站

　　图 1-7 是美国劳伦斯伯克利国家实验室开展的系统化的研究示意图。由图可见，系统化的研究主要针对区域供冷管网、区域供热管网与用户的双向交互。一方面只有低温管网才可以双向交互，另一方面双向交互是实现高效区域供能的有效手段。供能区域内的冷、热负荷越丰富、种类越多，这种系统的能效表现就越好[10]。进一步地，还有学者对双向冷热系统的运行优化进行研究。一种基于设定温度的代理优化控制方法被 Bunning 等

人提出[11]，与温度允许自由浮动的控制相比，代理优化控制的优化结果更具优势，它在所研究案例中的电力消耗更小，碳排放量更少。

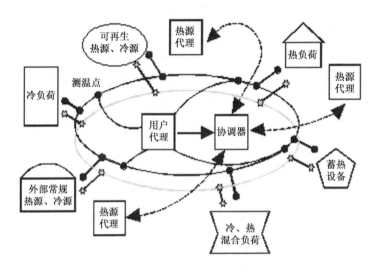

图 1-7　冷热交互式双向能源系统

1.4　研究现状与分析

北欧一些国家，如丹麦、芬兰、挪威等，在低碳清洁供热研究和工程实践方面一直处于领先水平。很早以前，在各种中小型供热系统中，就大量采用分布式的可再生能源。国内基于目前的经济水平和能源状况，低碳清洁供热新技术的研究还非常少。2017 年，我国提出了积极推进北方地区清洁供热的总体规划，但在低碳清洁供热技术的运行机理、经济性、优化配置等方面的研究尚显不足。近些年，可再生能源、新能源的应用总量在国内虽有较大幅度的增加，但与化石能源相比，用量还很少、占比还很低。虽然确定了双碳目标，也有顶层设计，但我国对于第四代区域供热技术的探索尚显不足，缺乏较为系统、完整、渐进式地向低碳清洁供热系统过渡的研究；既有热电联产集中供热系统也尚未大力推进清洁化改造；既有区域能源系统也尚未大力推进低碳清洁化改造，基于区域能源系统的热电协同优化调度、经济性优化配置等方面的定量研究也需要继续推进。

本书提出对既有城市集中供热系统采用渐进式低碳清洁化演进技术路径，包括城市集中供热系统构成、室内供热系统、区域供热系统、区域供热热源。探索可再生能源利用、低碳清洁高效供热的技术途径，为第四代区域供热系统奠定基础。借助供热管网的动态水力、热力分析，开展基于区域供热系统的低碳清洁化改造设备的优化配置，以及基于区域能源系统的低碳清洁化改造的设备优化配置，以期逐步向低碳清洁化过渡；并建立起区域能源系统机组，包括纯发电机组、热电机组、调峰热源、热电转化设备等热电协同优化调度的数学模型等，为区域供热管网热电一体化调度提供算法。最终实现一级网热媒温度从 130/70℃降低到 85/40℃；二级网热媒温度伴随建筑节能改造，第一步由 75/50℃降低到 50/40℃；待全部供热建筑节能率超过 65%以后，待全部 65%节能率下的全部散热器面积改造到满足室内温度要求的时候，散热器面积不再改造，第二步将温度降低到 45/35℃；待全部供热建筑节能率超过 88%以后，第三步将温度降低到 40/30℃。

第 2 章

既有散热器低温运行存在的问题及解决方法

江亿院士在 2013 年全国供热技术交流会《我国集中供热的现状和发展途径》报告中指出：提高热源效率的关键是低温供热；低温供热可以大幅度提高各类热源效率；低温供热有利于缓解"过量供热"现象；供热温度降低，并不影响室内的热舒适性。

刘华、付林等人[12]从热力学第二定律出发，采用能质系数的概念，分析了散热器在能源转换过程中的㶲效率，得出结论：随着散热器水温的降低，㶲效率会大幅提升。散热器供水温度的降低对于供热系统能源转换效率的提高有非常大的作用，主要体现在低品位能源利用方面。文献中明确提出，建筑节能工作的开展应该建筑围护结构和供热系统并重，建筑末端"量"的节能和"质"的节能并举，围护结构保温性能已比较完善，且已完成第二步 50%节能的建筑，供热系统的低效率将成为建筑节能工作未来发展的瓶颈，应大力推广低温地板辐射供热，并降低散热器的设计供回水温度，以提高能源转换效率。

李庆娜[13]从热舒适性角度论述了低温供热的可行性，并利用 ISO 国际标准低温热水散热器试验台测试了 6 种散热器，分别是钢制板式散热器、钢制柱式散热器、铸铁柱翼型散热器、铝柱翼型散热器、铜铝对流散热器、塑料散热器，得出散热器低温工况的性能曲线，可以近似看作高温工况性能曲线的延长线。用两种工况的性能曲线计算散热器的散热量，其差别在±5%以内。另外，既有建筑改造到节能率等于 65%以后，仍使用原有供热系统，但供回水温度由原来的 95/70℃降至 60/45℃，散热器片数需要增加 1.4 倍左右。

朱晓姣等人[14]采用散热器标准试验台对铜铝复合低温散热器、铝制低温散热器和铜管强制对流低温散热器分别在供回水温度为 50/40℃、45/35℃、40/30℃条件下的热工性能进行了测试。结果表明，这 3 种散热器低温工况拟合曲线与高温工况拟合曲线具有共线性，可以使用高温工况拟合曲线对低温工况散热器进行计算。文献以北京某办公楼为建筑模型进行低温散热器选型分析，得出低温工况下强制低温散热器散热性能最好，且占地面积与铜铝复合低温散热器、铝制低温散热器在高温工况下的占地面积相近，低温工况建议采用铜管强制低温散热器。

朱晓姣等人[15]以北京地区普通民用居住建筑、满足 75%节能标准的居住建筑和超低能耗建筑 3 类为原型，并在供回水温度为 45/35℃、室内温度为 18℃条件下的 3 种低温散热器进行选型计算。结果发现，普通民用居住建筑进行低温供热，末端散热器选型和室内热舒适性都较难满足要求；在满足 75%节能标准的居住建筑和超低能耗建筑中，3 种低温散热器均可满足供热要求和热舒适性要求。未达到 75%节能标准的居住建筑不具备推广应用低温工况散热器供热的基础；超低能耗建筑的供热负荷极低，更适合推广应用低温供热系统。

杨瑞丽等人[16]在 45/40℃进出口水温下测试了低温水源对流散热器、压铸铝散热器、钢制板式散热器的热工性能。在外形尺寸相近的条件下，低温水源对流散热器的散热量是钢制板式散热器的 3～3.8 倍，是压铸铝散热器的 2.1～2.7 倍。低温水源对流散热器换热效率高，利用直流变速控制，可根据室内设定温度调节风机转速，实现室温分室控制。

韩吉兵等人[17]实测了某供热公司 34 个热力站二级网的供水温度，发现大部分热力站二级网供水温度最冷期一般为 55～65℃，仅少数热力站可达到 70℃，少数热力站供水温度低至 50℃左右，而供热效果仍可以满足室内温度的要求。为此，文献提出，可以尝试开展散热器低温热水供热的实践。

程海峰等人[18]依托室内宜居环境技术测试平台，通过实测供热房间的温度，对比分析了供回水温度为 45/40℃的低温散热器系统和空调供热系统在供热方式下房间的温度分布，得出了低温散热器热水供热系统可以保持房间各点平均温度在 18.9～23.4℃，能够满足夏热冬冷地区建筑室温要求的结论。

杨茜、李德英等人[19]模拟分析了北京市农村住宅采用热媒温度为

42/37℃的低温供热散热器系统进行供热的建筑室内温度、不满意率、平均热感觉指数等。得出结论：低温供热散热器系统的能效比为 2.76，对于农村住宅，低温散热器不管是设计工况还是实际工况，均可基本满足农村住宅居民对室内热舒适性的要求。

董旭娟等人[20]实测了以散热器为末端设备、以空气源热泵为热源的农村住宅的供热系统。结果发现，尽管热媒温度较低，但供热房间的平均温度还是能够维持在 16.91～18.65℃。

周斌等人[21]通过实测上海以某空气源热泵为热源的低温散热器供热办公楼，以及在实测的基础上，采用 CFD 模拟的方法得出低温散热器供热的室内舒适性较好。

潘雪竹等人[22]将太阳能地板供热与常规散热器供热进行了对比，根据太阳能集热器在低温工质时工作效率较高及地板供热对水温要求较低的原理设计出太阳能地板供热系统。建立了 2 种不同供热方式的物理模型和数学模型，对其房间温度场的分布进行模拟和比较，得出太阳能地板供热系统具有舒适性高、室内温度稳定和节约能源等优势。

李翠敏等人[23]研究了以毛细管网为换热芯、以自然对流为主要散热方式的毛细管自然对流散热器；分析了该散热器的散热规律；得出了散热器结构尺寸与该设备散热强度的影响，以及最优结构的计算公式。毛细管自然对流散热器作为一种新型低温供热末端设备，可以用于不低于 30℃的热水供热。

李翠敏等人[24]提出了一种低温相变材料的相变板（相变温度为 30℃）与毛细管自然对流散热器结合使用的方式；设计了相变板的结构形式及与毛细管自然对流散热器结合的方式；得到相变板的蓄放热特点，以及在蓄热时间等约束因素下，相变板和散热器结合的最优厚度等参数。

薛红香等人[25]探讨了散热器、供热地板、风机盘管、毛细管辐射平面 4 种室内供热末端设备的供热特点；阐述了 4 种室内供热末端设备的传热机理和热舒适性；并利用㶲分析方法进行能量计算。计算结果显示，毛细管辐射平面空调系统可比低温地板辐射供热系统节能 52.82%。

A. Hasan 等人[26]对安装了供回水温度为 45/35℃的低温热水散热器供热系统的房间的热舒适性进行了实验和仿真模拟，得出散热器低温运行能够保证室内温度在 20℃以上，且室内垂直温差较小的结论。

A. Hesaraki 和 S. Holmberg[27]通过现场实测和 CFD 模拟技术，对瑞典的 5 个房间采用低温散热器系统进行热舒适性分析，得出基于 PMV 的 PPD 为 12%，供热房间平均温度为 20~25℃。

Jonn Are Myhren 等人[28]通过模拟分析了高温散热器供热、中低温散热器供热、地板辐射供热、墙体辐射供热方式下房间的热舒适性，得出结论：采用中低温散热器供热，在房间气密性较差时热舒适性最好。

在工程实践方面，国内居住建筑供热系统已经普遍采用了低温地板辐射供热系统，大量工程实践也证实，节能建筑采用热水地面辐射供热系统，供水温度为 35~45℃，供回水温差不大于 10℃，完全可以满足对室内温度的要求。而毛细管网辐射供热系统规定的供水温度为 25~40℃，供回水温差采用 3~6℃，热媒温度更低。目前，毛细管网辐射供热系统与低温地板辐射供热系统相比还不普及，而铜管强制对流低温散热器或低温水对流换热器已经有了定型产品，而且热媒温度可以低至 35/30℃[29]。

综上所述，可再生能源多能互补低温区域供热系统对于新建建筑已经具备了一定的室内低温供热的技术储备。但是对于既有建筑的既有散热器供热系统，若实施 50/40℃、45/35℃的低温区域供热，意味着散热器的热媒温度要降得更低。这样一来，既有散热器面积能不能满足室温的要求，相差多少？若散热器面积不变，热媒温度降到如此之低时，室温能达到多少？解决的技术措施有哪些？这些问题有待进一步研究。

2.1 低温运行存在的问题

2.1.1 散热器面积的变化

2012 年 10 月以后《民用建筑供暖通风与空气调节设计规范》（GB 50736—2012）对室内供热系统的设计温度做了明确规定，为 75/50℃。2016 年 6 月 11 日，国务院办公厅转发国务院国资委、财政部《关于国有企业职工家属区"三供一业"分离移交工作指导意见》。从 2016 年开始，全国范围内展开了大规模的推进国有企业职工家属区"三供一业"的分离移交，以及室内供热系统的分户控制和热计量改造。截至 2018 年年底，全国国有企业"三供一业"分离移交工作基本完成。到目前为止，供热系统热媒设计温度以 75/50℃为主，本书只讨论散热器供热系统的供回水温度从 75/50℃降低到 50/40℃、45/35℃时需要增加的散热器面积。

根据散热器热工性能实验公式[14]计算 75/50℃的高温工况分别降低到 50/40℃、45/35℃时的钢制板式散热器面积增加的倍数，结果如表 2-1 所示。

表 2-1　钢制板式散热器低温工况与高温工况的面积之比

低温工况建筑节能率	高温工况建筑节能率							
	普通建筑		一次节能 30%		二次节能 50%		三次节能 65%	
	50/40℃	45/35℃						
普通建筑	2.721	4.281	50/40℃	45/35℃				
一次节能 30%	1.904	2.997	2.721	4.281	50/40℃	45/35℃		
二次节能 50%	1.360	2.141	1.943	3.058	2.721	4.281	50/40℃	45/35℃
三次节能 65%	0.952	1.498	1.360	2.141	1.904	2.997	2.721	4.281

低温工况建筑节能率	高温工况建筑节能率							
	普通建筑		一次节能 30%		二次节能 50%		三次节能 65%	
	50/40℃	45/35℃	50/40℃	45/35℃	50/40℃	45/35℃	50/40℃	45/35℃
四次节能 75%	0.680	1.070	0.972	1.529	1.360	2.141	1.943	3.058
低能耗 83%	0.476	0.749	0.680	1.070	0.952	1.498	1.360	2.141
超低能耗 90%	0.286	0.450	0.408	0.642	0.571	0.899	0.816	1.284

表 2-1 中，高温工况建筑节能率是在散热器供回水温为 75/50℃、室内温度为 18℃时，设计计算散热器面积所对应的节能建筑，即高温供热系统初始设计计算散热器片数时的建筑节能率。到目前为止，国内建筑节能率最高的为 65%，表 2-1 中的高温工况选用了 4 种节能率的建筑。在每种建筑节能率下，可以计算出所需要的散热器面积，作为与低温工况散热器面积比较的基准。目前，我国节能建筑参差不齐，低温工况建筑节能率是指室内温度同样维持在 18℃，当进出散热器的水温降低为 50/40℃或 45/35℃时，热用户建筑的节能率反映了该建筑是否随着低温运行同步进行了节能改造，改造到了什么状态。文献已述及，低温运行适用于节能建筑。若低温工况和高温工况的建筑节能率相同，则表明建筑物没有进行节能改造，只把供热系统的热媒温度降低了。根据国内节能建筑的现状与发展，低温工况选择了 7 种节能率的建筑进行散热器面积的对比分析。

由表 2-1 可见，高温工况是普通建筑时，若降到 50/40℃的低温工况运行，当低温工况也是普通建筑时，要想保持室温不变，散热器的面积需要增加到原来的 2.721 倍。若在降低温度的同时进行建筑节能改造，且要节能率改造到 65%，则散热器面积为原来的 95.2%，即原始散热器面积用到低温工况还有一些余度；如果改造到超低能耗建筑，则散热器面积只需要为原面积的 28.6%。

若高温工况建筑和低温工况建筑都是普通建筑，但是需将供热系统从 75/50℃降低到 45/35℃运行，则低温工况散热器面积必须增加到高温工况的 4.281 倍。但是如果对建筑物进行节能改造，且节能率达到了 83%，则此时散热器面积只需要为原面积的 74.9%。

总之，供热系统供回水平均温度下降得越多，室内散热器面积就增加得越多。若要保持散热器面积不变，供回水平均温度降得越多，就要求建筑节能改造达到的节能率越高。

作为降温后散热器面积的比较基准，高温工况建筑节能率也非常重要。例如，高温工况是 30% 的节能建筑时，如欲将温度降低到 50/40℃ 运行，将建筑改造到 65% 的节能率，而散热器面积却不够，只有改造到 75% 的低能耗建筑时，散热器面积才可满足要求。而对于 45/35℃ 的低温工况，则需要改造到超过 83% 的低能耗建筑。

再如，高温工况是节能率为 65% 的建筑，如欲将温度降低到 50/40℃ 运行，尽管达到了如此高的初始节能率，但若低温工况没有进一步节能改造，散热器面积还是需要增加到原来的 2.721 倍，与普通建筑没有区别。对于高温工况是节能率为 65% 的建筑，若要降温运行只有改造到接近超低能耗（节能率 90%），原高温工况散热器的面积才可以满足要求。而对于 45/35℃ 的低温工况，改造到超低能耗建筑，散热器面积仍需要增大到 1.284 倍，只有接近零能耗才可以满足要求。

在供热系统降温运行且低温工况建筑节能率相同时，初始高温工况的建筑节能率越高，散热器面积就增加得越多。这是因为初始高温条件节能率高的建筑物，散热器的初始面积较小，实际上只要低温工况及其建筑节能率相同（热负荷相同），低温工况的散热器面积是唯一的，低温工况散热器的占地面积是唯一的，只是初始散热器的面积不同。

特别注意到，目前已经达到 65% 节能率的新建建筑，《民用建筑供热通风与空气调节设计规范》（GB 50736—2012）规定散热器供热系统热媒温度为 75/50℃。当这类建筑改造到超低能耗时，将温度降底到 50/40℃ 运行，散热器的面积才可能有一定余量；若将温度降底到 45/35℃，散热器的面积至少也要增加到 1.284 倍。在双碳目标背景的要求下，超低能耗是我国节能建筑的发展目标,而降低供热系统热媒温度,提升低品位、低碳、清洁可再生能源的利用效率,增强其经济性也是发展的目标。鉴于此,对于初始节能率不小于 65% 的建筑,散热器的面积不宜太小,至少要在 50/40℃ 热媒温度下,才能满足室内温度的要求。只有这样才能随着建筑节能率的继续提升,逐渐降低供热系统的热媒温度。

由表 2-1 还可以发现,从 75/50℃ 降低到 50/40℃,低温工况的建筑节能率都需要在高温工况建筑节能率的基础上再经过节能改造,提高 3 个层级的节能率,才能保持原高温工况的散热器面积不变,否则就需要增加散热器的面积,或采取其他技术以保证室内温度在降温运行后保持不变。

若从 75/50℃ 降低到 45/35℃ 运行,建筑节能率则要提高 4 个层级以上。在 45/35℃ 工况下增加的散热器面积要比在 50/40℃ 工况下增加的多 1.57 倍左右。

其他类型的散热器在各种节能率下的低温工况和高温工况的散热器面积之比如表 2-2～表 2-8 所示。这些散热器的变化规律及其大小与钢制板式散热器一样,变化量值和钢制板式散热器非常接近,这里不再赘述。

表 2-2 钢制柱式散热器低温工况与高温工况的面积之比

低温工况建筑条件	高温工况建筑条件							
	普通建筑		一次节能 30%		二次节能 50%		三次节能 65%	
	50/40℃	45/35℃	50/40℃	45/35℃				
普通建筑	2.747	4.339	50/40℃	45/35℃				
一次节能 30%	1.923	3.037	2.747	4.339	50/40℃	45/35℃		
二次节能 50%	1.373	2.170	1.962	3.099	2.747	4.339	50/40℃	45/35℃
三次节能 65%	0.961	1.519	1.373	2.170	1.923	3.037	2.747	4.339
四次节能 75%	0.687	1.085	0.981	1.550	1.373	2.170	1.962	3.099
低能耗 83%	0.481	0.759	0.687	1.085	0.961	1.519	1.373	2.170
超低能耗 90%	0.288	0.456	0.412	0.651	0.577	0.911	0.824	1.302

表 2-3　铸铁柱翼型散热器低温工况与高温工况的面积之比

低温工况建筑条件	高温工况建筑条件							
	普通建筑		一次节能30%		二次节能50%		三次节能65%	
	50/40℃	45/35℃						
普通建筑	2.717	4.272	50/40℃	45/35℃				
一次节能30%	1.902	2.991	2.717	4.272	50/40℃	45/35℃		
二次节能50%	1.358	2.136	1.940	3.052	2.717	4.272	50/40℃	45/35℃
三次节能65%	0.951	1.495	1.358	2.136	1.902	2.991	2.717	4.272
四次节能75%	0.679	1.068	0.970	1.526	1.358	2.136	1.940	3.052
低能耗83%	0.475	0.748	0.679	1.068	0.951	1.495	1.358	2.136
超低能耗90%	0.285	0.449	0.407	0.641	0.570	0.897	0.815	1.282

表 2-4　铝柱翼型散热器低温工况与高温工况的面积之比

低温工况建筑条件	高温工况建筑条件							
	普通建筑		一次节能30%		二次节能50%		三次节能65%	
	50/40℃	45/35℃						
普通建筑	2.732	4.306	50/40℃	45/35℃				
一次节能30%	1.912	3.014	2.732	4.306	50/40℃	45/35℃		
二次节能50%	1.366	2.153	1.951	3.075	2.732	4.306	50/40℃	45/35℃
三次节能65%	0.956	1.507	1.366	2.153	1.912	3.014	2.732	4.306
四次节能75%	0.683	1.076	0.976	1.538	1.366	2.153	1.951	3.075
低能耗83%	0.478	0.753	0.683	1.076	0.956	1.507	1.366	2.153
超低能耗90%	0.287	0.452	0.410	0.646	0.574	0.904	0.819	1.292

表 2-5　塑料散热器低温工况与高温工况的面积之比

低温工况建筑条件	高温工况建筑条件							
	普通建筑		一次节能30%		二次节能50%		三次节能65%	
	50/40℃	45/35℃						
普通建筑	2.663	4.154	50/40℃	45/35℃				
一次节能30%	1.864	2.908	2.663	4.154	50/40℃	45/35℃		
二次节能50%	1.331	2.077	1.902	2.967	2.663	4.154	50/40℃	45/35℃
三次节能65%	0.932	1.454	1.331	2.077	1.864	2.908	2.663	4.154
四次节能75%	0.666	1.038	0.951	1.483	1.331	2.077	1.902	2.967
低能耗83%	0.466	0.727	0.666	1.038	0.932	1.454	1.331	2.077
超低能耗90	0.280	0.436	0.399	0.623	0.559	0.872	0.799	1.246

表 2-6　铜铝复合低温散热器低温工况与高温工况的面积之比

低温工况建筑条件	高温工况建筑条件							
	普通建筑		一次节能30%		二次节能50%		三次节能65%	
	50/40℃	45/35℃						
普通建筑	2.777	4.407	50/40℃	45/35℃			三次节能65%	
一次节能30%	1.944	3.085	2.777	4.407	50/40℃	45/35℃		
二次节能50%	1.388	2.203	1.984	3.148	2.777	4.407	50/40℃	45/35℃
三次节能65%	0.972	1.542	1.388	2.203	1.944	3.085	2.777	4.407
四次节能75%	0.694	1.102	0.992	1.574	1.388	2.203	1.984	3.148
低能耗83%	0.486	0.771	0.694	1.102	0.972	1.542	1.388	2.203
超低能耗90%	0.292	0.463	0.417	0.661	0.583	0.925	0.833	1.322

表 2-7　铝制低温散热器低温工况与高温工况的面积之比

低温工况建筑条件	高温工况建筑条件							
	普通建筑		一次节能30%		二次节能50%		三次节能65%	
	50/40℃	45/35℃						
普通建筑	2.767	4.281	50/40℃	45/35℃			三次节能65%	
一次节能30%	1.937	2.997	2.767	4.281	50/40℃	45/35℃		
二次节能50%	1.384	2.141	1.977	3.058	2.767	4.281	50/40℃	45/35℃
三次节能65%	0.969	1.498	1.384	2.141	1.937	2.997	2.767	4.281
四次节能75%	0.692	1.070	0.988	1.529	1.384	2.141	1.977	3.058
低能耗83%	0.484	0.749	0.692	1.070	0.969	1.498	1.384	2.141
超低能耗90%	0.291	0.450	0.415	0.642	0.581	0.899	0.830	1.284

表 2-8　铜管强制对流低温散热器低温工况与高温工况的面积之比

低温工况建筑条件	高温工况建筑条件							
	普通建筑		一次节能30%		二次节能50%		三次节能65%	
	50/40℃	45/35℃						
普通建筑	2.667	7.150	50/40℃	45/35℃			三次节能65%	
一次节能30%	1.867	5.005	2.667	7.150	50/40℃	45/35℃		
二次节能50%	1.333	3.575	1.905	5.107	2.667	7.150	50/40℃	45/35℃
三次节能65%	0.933	2.503	1.333	3.575	1.867	5.005	2.667	7.150
四次节能75%	0.667	1.788	0.952	2.554	1.333	3.575	1.905	5.107
低能耗83%	0.467	1.251	0.667	1.788	0.933	2.503	1.333	3.575
超低能耗90%	0.280	0.751	0.400	1.073	0.560	1.502	0.800	2.145

　　还要指出，相关手册给出的散热器传热系数计算公式与文献中的相比，手册中计算公式得出的结果更好，降温运行后散热器面积的改造工作量更小。例如，对于初始普通建筑，温度从 75/50℃降低到 50/40℃运行时，只要建筑节能率改造到 50%，散热器的面积就能满足要求；而初始一次节能建筑温度从 75/50℃降低到 50/40℃运行时，只要建筑节能率改造到 65%，散热器的面积就能满足要求；而在表 2-2 两种降温建筑条件下，散热器的面积均需要在原散热器面积的基础上增加 1.373 倍。

2.1.2　室内温度的变化

　　假定建筑物为一维稳定传热且建筑热负荷与室内外温差成正比，散热器散热量等于建筑热负荷，也等于热媒水散热量。则从初始 4 种节能建筑的高温工况 75/50℃降低到 50/40℃运行后，8 种散热器在低温工况下的各类建筑能达到的室内温度如表 2-9 所示（供热室外设计温度为-9℃）。

表 2-9　8 种散热器低温工况下的各类建筑能达到的室内温度（℃）

温度工况及建筑节能率		供水温度 T_g	回水温度 T_h	低温工况达到的室内温度 T_n							
				钢制板式散热器	钢制柱式散热器	铸铁柱翼型散热器	铝柱翼型散热器	塑料散热器	铜铝复合低温散热器	铝制低温散热器	铜管强制对流低温散热器
高温工况普通建筑		75	50	18.00	18.00	18.00	18.00	18.00	18.00	18.00	18.00
低温工况	普通建筑	50	40	9.36	9.32	9.36	9.34	9.44	9.27	9.30	9.43
	一次节能 30%	50	40	12.45	12.39	12.46	12.43	12.57	12.34	12.36	12.56
	二次节能 50%	50	40	15.36	15.30	15.40	15.36	15.54	15.24	15.27	15.52
	三次节能 65%	50	40	18.42	18.32	18.42	18.38	18.58	18.24	18.27	18.58
	四次节能 75%	50	40	21.15	21.05	21.19	21.10	21.35	20.95	21.00	21.35
	低能耗 83%	50	40	23.90	23.79	23.89	23.85	24.12	23.67	23.70	24.10
	超低能耗 90%	50	40	27.45	27.35	27.45	27.40	27.70	27.19	27.25	27.70

续表

温度工况及建筑节能率		供水温度 T_g	回水温度 T_h	低温工况达到的室内温度 T_n							
				钢制板式散热器	钢制柱式散热器	铸铁柱翼型散热器	铝柱翼型散热器	塑料散热器	铜铝复合低温散热器	铝制低温散热器	铜管强制对流低温散热器
高温工况一次节能30%		75	50	18.00	18.00	18.00	18.00	18.00	18.00	18.00	18.00
低温工况	一次节能30%	50	40	9.36	9.32	9.36	9.34	9.44	9.27	9.30	9.43
	二次节能50%	50	40	12.26	12.22	12.28	12.26	12.39	12.16	12.17	12.38
	三次节能65%	50	40	15.38	15.30	15.40	15.36	15.54	15.24	15.27	15.52
	四次节能75%	50	40	18.25	18.17	18.25	18.18	18.45	18.05	18.12	18.40
	低能耗83%	50	40	21.15	21.05	21.19	21.10	21.35	20.95	21.00	21.35
	超低能耗90%	50	40	25.00	24.90	24.99	24.95	25.22	24.77	24.78	25.23
高温工况二次节能50%		75	50	18.00	18.00	18.00	18.00	18.00	18.00	18.00	18.00
低温工况	二次节能50%	50	40	9.34	9.32	9.36	9.34	9.44	9.27	9.31	9.43
	三次节能65%	50	40	12.45	12.42	12.48	12.66	12.59	12.36	12.37	12.55
	四次节能75%	50	40	15.40	15.30	15.40	15.36	15.54	15.24	15.27	15.52
	低能耗83%	50	40	18.40	18.30	18.45	18.38	18.58	18.25	18.30	18.58
	超低能耗90%	50	40	22.50	22.45	22.49	22.50	22.75	22.34	22.34	22.75
高温工况三次节能65%		75	50	18.00	18.00	18.00	18.00	18.00	18.00	18.00	18.00
低温工况	三次节能65%	50	40	9.36	9.32	9.36	9.34	9.44	9.27	9.31	9.43
	四次节能75%	50	40	12.30	12.22	12.28	12.26	12.39	12.15	12.17	12.55
	低能耗83%	50	40	15.36	15.30	15.40	15.36	15.54	15.24	15.27	15.52
	超低能耗90%	50	40	19.70	19.63	19.65	19.68	19.88	19.50	19.50	19.88

　　分析表 2-9 可知，不管哪种散热器，初始高温工况的建筑节能率越高，低温工况三次节能的建筑能达到的室内温度就越低。例如，初始高温工况三次节能的建筑，只降低工况运行，即低温工况三次节能的建筑能达到的室内温度为 9.3℃左右；初始高温工况是二次节能的建筑，在低温工况运行，并将其节能改造到 65%后，室内温度为 12.4℃左右；初始高温一次节能建筑，将其节能改造到 65%后低温工况运行，室内温度为 15.3℃左右；初始高温普通建筑，将其节能改造到 65%后低温工况运行，室内

温度为 18.4℃左右。

仍以钢制板式散热器为例进行分析。钢制板式散热器低温工况室内温度随高温工况室内设计温度的变化如表 2-10 所示（供热室外设计温度为-9℃）。

表 2-10　低温工况室内温度随高温工况室内设计温度的变化（℃）

温度工况及建筑节能率		供水温度 T_g	回水温度 T_h	低温工况达到的室内温度 T_n			
				钢制板式散热器	钢制板式散热器	钢制板式散热器	钢制板式散热器
高温工况普通建筑		75	50	14.00	18.00	21.00	24.00
低温工况	普通建筑	50	40	6.40	9.36	11.60	13.89
	一次节能 30%	50	40	9.40	12.45	14.70	16.95
	二次节能 50%	50	40	12.33	15.36	17.60	19.78
	三次节能 65%	50	40	15.42	18.42	20.55	22.58
	四次节能 75%	50	40	18.27	21.15	23.15	25.10
	低能耗 83%	50	40	21.20	23.90	25.76	27.50
	超低能耗 90%	50	40	25.05	27.45	29.08	30.60

由表 2-10 可知，低温工况建筑的室内温度受初始高温工况设计温度的影响。高温工况室内设计温度不高于 18℃的建筑，低温工况且 65%节能率下的建筑，室内实际温度高于室内设计温度；而设计温度高于 18℃的，低温工况且 65%节能率下的建筑，室内实际温度低于设计室内温度，幅度在 1.5℃的范围内。

表 2-11 记录了武汉市、洛阳市、北京市、太原市、哈尔滨市 5 座城市供热系统的供回水温度从 75/50℃降低到 50/40℃运行（散热器面积保持不变）条件下能够达到的室内温度。其供热室外计算温度依次为-0.3℃、-3℃、-7.6℃、-9℃、-24℃，其室内设计温度均为 18℃，初始建筑依次为普通建筑、一次节能、二次节能、三次节能建筑。

观察表 2-11，对于初始普通建筑的高温工况，节能改造到 65%后降温至 50/40℃运行，不管是哪座城市，室内温度都能被加热到 18℃以上。若进一步进行节能改造，则随着建筑节能率的提高，室内温度会逐渐升

高。当达到 75%节能率时，室内温度平均可达到 21℃左右；当达到 83%
低能耗时，室内温度平均可达到 23℃以上；当达到 90%超低能耗时，室
内温度平均可达到 27.4℃左右。由此可见，若 65%节能率下的散热器面
积能够满足室内温度的要求，以后也不再需要进行散热器面积的改造，只
要建筑节能率改造到大于 75%，二级网进一步降温到 45/35℃运行也是满
足室内温度要求的；只要建筑节能率改造大于 88%，二级网进一步降
温到 40/30℃运行还是满足室内温度要求的，如表 2-12 所示。

表 2-11　钢制板式散热器低温工况室内温度随供热室外计算温度的变化（℃）

温度工况及建筑节能率		供水温度 T_g	回水温度 T_h	武汉市 -0.3℃	洛阳市 -3℃	北京市 -7.6℃	太原市 -9℃	哈尔滨市 -24℃
高温工况普通建筑		75	50	18.00	18.00	18.00	18.00	18.00
低温工况	普通建筑	50	40	11.08	10.38	9.58	9.36	7.64
	一次节能 30%	50	40	13.43	13.04	12.57	12.45	11.50
	二次节能 50%	50	40	15.78	15.62	15.43	15.36	15.00
	三次节能 65%	50	40	18.35	18.38	18.41	18.42	18.45
	四次节能 75%	50	40	20.78	20.95	21.12	21.15	21.50
	低能耗 83%	50	40	23.26	23.54	23.80	23.90	24.40
	超低能耗 90%	50	40	26.67	27.00	27.35	27.45	28.13
高温工况节能 30%建筑		75	50	18.00	18.00	18.00	18.00	18.00
低温工况	一次节能 30%	50	40	11.08	10.38	9.58	9.36	7.64
	二次节能 50%	50	40	13.30	12.89	12.40	12.26	11.30
	三次节能 65%	50	40	15.78	15.62	15.43	15.38	15.00
	四次节能 75%	50	40	18.22	18.23	18.21	18.25	18.30
	低能耗 83%	50	40	20.78	20.95	21.12	21.15	21.50
	超低能耗 90%	50	40	24.35	24.64	24.95	25.00	25.58
高温工况节能 50%建筑		75	50	18.00	18.00	18.00	18.00	18.00
低温工况	二次节能 50%	50	40	11.08	10.38	9.58	9.34	7.64
	三次节能 65%	50	40	13.43	13.05	12.56	12.45	11.48
	四次节能 75%	50	40	15.78	15.62	15.43	15.40	15.00
	低能耗 83%	50	40	18.34	18.36	18.41	18.40	18.45
	超低能耗 90%	50	40	21.98	22.26	22.42	22.50	22.90

温度工况及建筑节能率		供水温度 T_g	回水温度 T_h	武汉市 -0.3℃	洛阳市 -3℃	北京市 -7.6℃	太原市 -9℃	哈尔滨市 -24℃
高温工况节能65%建筑		75	50	18.00	18.00	18.00	18.00	18.00
低温工况	三次节能65%	50	40	11.08	10.38	9.58	9.36	7.64
	四次节能75%	50	40	13.30	12.90	12.40	12.30	11.30
	低能耗83%	50	40	15.78	15.62	15.43	15.36	15.00
	超低能耗90%	50	40	19.45	19.56	19.61	19.70	19.85

表 2-12　三次节能 65%完成后保持散热器面积不变，进一步降低到 45/35℃ 室内温度的变化（℃）

温度工况及建筑节能率		供水温度 T_g	回水温度 T_h	武汉市	洛阳市	北京市	太原市	哈尔滨市
高温工况普通建筑		75	50	18	18.00	18.00	18.00	18.00
低温工况	普通建筑	50	40	11	10.38	9.58	9.36	7.64
	一次节能30%	50	40	13	13.04	12.57	12.45	11.50
	二次节能50%	50	40	16	15.62	15.43	15.36	15.00
	三次节能65%	50	40	18	18.38	18.41	18.42	18.45
	四次节能75%	45	35	17.58	17.56	17.53	17.51	17.46
	低能耗83%	45	35	19.83	19.93	20.00	20.05	20.25
	超低能耗90%	40	30	19.22	19.30	19.35	19.40	19.45

综上所述可以得出重要结论：

第一，除了普通建筑，其他节能建筑进一步改造到节能率 65%时，即使是 50/40℃的低温工况，散热器也只能把室内温度加热到 9～16℃。室内温度要达到 18℃，第一种解决方案就是增加散热器面积。

第二，当所有散热器供热的建筑都改造到节能率 65%，散热器的面积也经过改造，都能在 50/40℃的低温工况运行，而使这些建筑室内温度都达到 18℃以上时，第一阶段的降温运行改造就完成了。

第三，在所有散热器供热的建筑完成第一阶段改造后，随着建筑物的进一步节能改造，室内供热系统可在 50/40℃的基础上，第二次降温到

45/35℃,无须再对散热器面积进行改造;建筑物继续进行深度节能改造,在 45/35℃的基础上，第三次降温到 40/30℃，仍然无须对散热器面积进行改造。

第四，散热器供热建筑与低温辐射供热建筑相比，散热器供热建筑的节能率应更早改造到 65%以上，以便促进室内供热系统的供回水温度与低温辐射供热的供回水温度一样，进而促进低温区域供热的实现，从而提高清洁低碳能源供热比例，提高低品位能源的利用效率。

2.2　低温散热器的应用

低温散热器既可以用于新建建筑，又可以用于既有建筑的散热器改造。目前，市场上有几款低温散热器，包括成熟的铜管强制对流低温散热器[15-16]、铜铝复合低温散热器、铝制低温散热器及研究中的毛细管自然对流散热器。

铜管强制对流低温散热器的基本组成主要是铜管缠绕铝翅片的水—空气换热器，这种散热器借助风机加速流经翅片的空气，达到强化传热的目的。热水流经散热元件——铜管水道，通过热传导将热量传递给铝翅片、翅片侧室内空气被加热，热空气因密度小而上升，冷空气因密度大而下沉，室内空气发生对流。铜管强制对流低温散热器可以在水温低至35/30℃的工况下工作，这种散热器由外框、电源适配器、动态能效增强装置和热交换器等构成[30]。热交换器由导热系数很高的铜管和铝翅片制成，铝翅片与铜管接触面积大，且铝翅片具有最大的换热面积。铝翅片间的距离经过最优化设计，使热交换器在低水温运行时能够产生最佳的气流。研究表明：低温水散热器在平均水温超过环境温度 5℃时，就可检测到热量输出[31]。其他款型的铜管强制对流低温散热器同样由铜管和铝翅散热元件、动力单元、控制盒及外装饰壳体组成[15]。

毛细管自然对流散热器[32]以毛细管网为换热芯，以自然对流为主要散热方式，可使用不低于 30℃ 的热水供热，从而利用低品位的热源进行供热，其结构形式如图 2-1 所示。

图 2-1　毛细管自然对流散热器的结构形式

毛细管与低温相变板复合的低温散热器的相变温度设定为 30℃，设备外形由绝热苯板组成，上下两端分别装有进水口、出水口，采用 30～60℃ 的低温水供热[24]。几种产品的散热器传热系数对照如表 2-13 所示，表中钢制板式散热器代表一种普通散热器，其他自然对流低温散热器的散热系数是普通散热器的 1.57 倍左右，其他强制对流散热器的散热系数是普通散热器的 3.6 倍左右。

表 2-13　几种产品的散热器传热系数对照表

进水温度 T_g/℃	出水温度 T_h/℃	室内温度 T_n/℃	钢制板式散热器/ (W·m^{-2}·K^{-1})	铜铝复合低温散热器/ (W·m^{-2}·K^{-1})	铝制低温散热器/ (W·m^{-2}·K^{-1})	铝柱翼型散热器/ (W·m^{-2}·K^{-1})	铜管强制对流低温散热器/ (W·m^{-2}·K^{-1})
75	50	18	773.07	1220.56	1223.35	1232.20	2751.64
50	40	18	421.49	651.97	655.75	669.13	1530.51
45	35	18	328.71	504.21	507.86	520.99	1203.43

综上所述，解决低温工况 50/40℃散热面积不满足室内温度要求的第二种方案是更换低温散热器。

2.3　室内混合供热系统的应用

2.3.1　散热器和地板辐射串联系统

在暖气片系统末端串联地暖系统，设计地暖辐射供热系统的关键数据在于中间温度 t_z 的确定，即 50℃的热水经散热器散热后温度降为中间温度 t_z，然后进入地暖系统再次散热后返回系统回水总管，如图 2-2 所示。t_z 必须保证地暖出水温度不低于 30℃，以及地暖温差不大于 10℃，如此才能满足规范要求。假定稳定传热，热负荷和室内外温差成正比，则有以下几个平衡关系：①散热器和地暖散热量之和等于建筑物设计热负荷；②散热器的散热量等于散热器进出水温差产生的放热量；地暖辐射散热量等于地暖进出水温差产生的放热量；③计算散热器和地暖的散热量必须遵守唯一的室内设计温度和唯一的中间温度；④进入散热器系统的流量等于进入地暖系统的流量。几种散热器串联地暖辐射供热系统各节点温度如表 2-14 所示。

表 2-14　几种散热器串联地暖辐射供热系统各节点温度（℃）

散热器类型	初始条件	低温工况 65%节能建筑下各节点温度					
		散热器供水温度 T_g	中间温度 t_z	散热器供回水温差	地暖回水温度	地暖温差	总温差
钢制板式	1	50	38.00	12.0	30.3	7.7	19.7
	2	50	40.70	9.3	30.9	9.8	19.1
	3	50	43.90	6.1	34.2	9.7	15.8

续表

散热器类型	初始条件	低温工况65%节能建筑下各节点温度					
		散热器供水温度 T_g	中间温度 t_z	散热器供回水温差	地暖回水温度	地暖温差	总温差
钢制柱式	1	50	38.00	12.0	30.1	7.9	19.9
	2	50	41.00	9.0	31.5	9.5	18.5
	3	50	43.90	6.1	34.1	9.8	15.9
铸铁柱翼型	1	50	38.00	12.0	30.3	7.7	19.7
	2	50	41.00	9.0	31.7	9.3	18.3
	3	50	43.90	6.1	34.2	9.7	15.8
铜铝复合低温	1	50	38.2	12.0	30.4	7.9	19.7
	2	50	41.0	9.0	31.3	9.7	18.7
	3	50	43.9	6.1	33.9	10.0	16.1
铝制低温	1	50	38.20	11.8	30.4	7.8	19.6
	2	50	41.00	9.0	31.4	9.6	18.6
	3	50	43.90	6.1	34.0	9.9	16.0

注：高温工况为 75/50℃，中间温度 t_z 既是散热器的出水温度，也是地暖的供水温度；1 代表初始高温工况的建筑节能率为 30%；2 代表初始高温工况的建筑节能率为 50%；3 代表初始高温工况的建筑节能率为 65%。

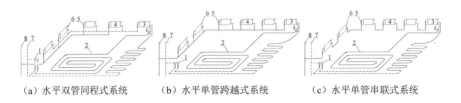

（a）水平双管同程式系统　　（b）水平单管跨越式系统　　（c）水平单管串联式系统

图 2-2　散热器和地板辐射串联系统示意图

这种室内用户供热系统，室内热媒的散热温差增加了，系统流量减少近一半，因而与单纯增加散热器面积相比，这种室内用户供热系统更节能。经案例计算，散热器和地暖串联的供热系统阻力增加不超过 1mH₂O，这样每组散热器可以省去小口径高阻力阀门，而室内用户供热系统的水力稳定性更好。另外，地暖盘管可以不按照房间划分系统，而只按负荷比例敷设在几个主要房间即可。

2.3.2　散热器和毛细管串联系统

对于现有散热器系统进行改造，在散热器系统末端串联一定面积的毛细管供热系统，散热器从 50℃降到 35℃，毛细管系统从 35℃降低到 30℃，由毛细管辐射散热量补足由于散热器低温运行减少的散热量。改造方法与低温地暖辐射供热系统相同，这里不再赘述。

2.3.3　散热器和谷电协调供热

水暖和电暖设施协调供热有利于促进建筑物蓄热技术的应用。建筑物单体蓄热技术、管道蓄热技术、蓄热罐蓄热技术及相变蓄热等综合技术的应用，能够有力促进风电、光伏等可再生能源电力的消纳效果，大力提升低温可再生能源的利用效率。水电合供热系统有多种选择，代表性的室内电供热系统有空气源热泵、地热膜、地热盘管等，这些电供热系统及其技术可参见有关资料。

在建筑物改造到 65%节能率之后，热水供热系统不进行任何改造，而只将供热系统降低到 50/40℃运行，此时散热器减少的供热量由电供热补充。太原市室内设计温度为 18℃，采用钢制板式散热器系统，从各种节能建筑条件下的高温工况降温运行后，散热器独立供热能达到的室内温度，以及保持室内温度为 18℃，散热器和电暖设施的散热量分别占建筑热负荷的比例如表 2-15 所示。从一次节能建筑的高温工况降温运行且维持室内温度 18℃，水电合供热时散热器承担 60.9%的建筑热负荷，电暖承担 39.1%的负荷；而从三次节能建筑的高温工况降温运行，达到室温 18℃时，散热器只能承担 38.6%的建筑热负荷，而电暖则必须承担 61.4%的负荷。其他城市、其他种类的散热器，在其他室内设计温度下，室内热电负荷比例变化很小。

表 2-15 散热器电暖占建筑热负荷比

散热器类型	初始条件	低温工况 65%节能建筑散热器、电暖占建筑负荷比				
		散热器进水温度 T_g/℃	散热器出水温度 T_g/℃	散热器独立供热室温/℃	散热器散热量（总负荷）/%	电暖散热量（总负荷）/%
钢制板式	1	50	40	15.4	60.9	39.1
	2	50	40	12.5	48.6	51.4
	3	50	40	9.4	38.6	61.4

注：高温工况为 75/50℃。1、2、3 代表意义同表 2-14。

从表 2-15 还可以看出，尽管供热建筑都要改造到 65%节能率，最终的建筑热负荷是一样的，但是高温工况的初始建筑节能率不一样，降温后散热器独立供热的室内温度差别比较大。初始一次节能建筑，室内温度可以达到 15.4℃；初始二次节能建筑，室内温度只能达到 12.5℃；初始三次节能建筑，室内温度仅能达到 9.4℃。由此可见，在第一种条件下降温运行，散热器供热系统独立运行使建筑物接近（18±2）℃下限要求，通过电供热辅助，既可调节灵活又能保证热舒适性要求，不失为一种好的选择；在第二种、第三种条件下，散热器独立运行室温低得多，难以采用建筑物单体蓄热来避开用电高峰，应用受到限制。为此宜选择增加一些散热器的面积。

第 3 章

既有供热系统转化为多能互补低温区域供热系统

把城镇集中供热系统改造成低温区域供热系统，城镇集中供热系统由城际供热系统和城区多能互补区域供热系统组成，如图 3-1 所示。城际供热系统为高温系统（130/25℃），城区多能互补区域供热系统为低温系统，包括低温（85/45℃）一级网系统和更低温度（50/40℃，45/35℃）二级网系统，图 3-1 中未显示混水泵站以后的二级网系统。城镇供热面积一般划分为几个乃至几百个较大的热区，每个热区有一个甚至几十个低温区域供热系统。

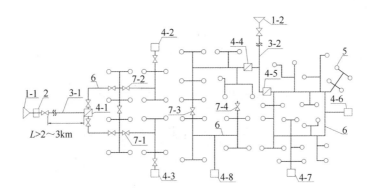

图 3-1 城镇集中供热系统（热力站—混水泵站）

1—城际热源；2—城际调峰热源；3—城际大温差供热管网；4—区域性热力站；
5—混水泵站（能源站、双向能源站）；6—低温区域供热系统一级网；7—联通阀。

城际供热系统由城际热源 1，城际调峰热源 2（如沿海核电站余热、城市外围大型热电厂），城际大温差供热管网 3（以下简称"长输供热管网"）及区域性热力站 4-1、4-4、4-5 等组成。区域性热力站既是城际供热系统的热用户，也是城区多能互补区域供热系统的区域性热源之一。

区域性热源 4 是城区多能互补区域供热系统的重要组成部分，一个低温区域供热系统至少有一个区域性热源。图 3-1 是由 8 个区域性热源组成的城区多能互补低温区域供热系统。区域性热力站 4-1、4-4 和区域性热源 4-2、4-3、4-8 独立向一个热区供热，事故状态则开启联通阀 7。

区域性热力站 4-5 和区域性热源 4-6、4-7 共网向一个热区供热。此外，城际热源通过高温高压长输供热管网把清洁低碳的热能源源不断地输送到区域性热力站。城际热源 1-1 供给区域性热力站 4-1；城际热源 1-2 供给区域性热力站 4-4、4-5。

区域性热力站通过低温区域供热系统一级网 6 供给混水泵站 5，经过混水泵站混合更低温度的水供给二级网及其热用户（图 3-1 中未显示二级网）。第 1 章已经述及，居住建筑在节能率不大于 65%时，二级网散热器供热系统就可以从 75/50℃降温到 50/40℃运行，并同时进行建筑节能和供热系统改造。将全部建筑的节能率改造到 65%，且在此节能率下，室内末端散热设备能满足室内设计温度的要求，这时供热系统就完成了第一阶段的低温运行。随着节能改造的深入，当节能率不小于 75%时，供热系统无须改造就可以进一步降温到 45/35℃（达到 88%节能率以后继续降温）。低温区域供热系统一级网采用既有集中供热系统的一级网，需要说明的是，既有城市集中供热一级网设计温度普遍为 130/70℃，温差为 60℃，当改造为 85/40℃后，虽然温差减小到 45℃，既有管网输送热量减少了 25%，但是建筑物节能率改造到 65%，热负荷至少降低 50%，仅建筑节能改造这一项就使得管网的输送能力出现裕度。再加上分布在二级网的能源站热量，将来城市既有一级网的管径完全满足区域供热量的要求。

能源站是城区多能互补区域供热系统热源的又一重要组成部分。为了提高低品位能源的转换和利用效率，能源站宜布置在二级网；当工业余热靠近一级网时，也可以连接在一级网。能源站既可以向二级网直接供热，也可以向低温热用户直接供热。

由于城市范围内的供热系统由数个甚至数百个区域供热系统承担，区域供热系统是低温系统，每个热区的划分要照顾到地势的平坦，为混水泵直连创造了条件。也就是说，该区域供热系统具有采用混水泵直连的客观技术条件，必要时不排除少数用户采用热力站隔绝式连接。采用混水泵直连的区域供热系统，其一级网、二级网消除了换热器的传热端温差，因而回水温度更低，在低温供热系统应优先采用。当然，采用混水泵直连有困难时，也可选择热力站间接连接。

本章重点介绍城区多能互补区域供热系统，包括区域性热源及其一级网、混水泵站（或能源站、双向能源站）。

3.1　单管区域供热系统

室内单管供热系统是指热媒顺序流过各散热器的室内供热系统。相应的室外单管供热系统是指热媒水顺序流过各热源，而管道热媒则顺序流过各混水泵站、能源站、双向能源站等。例如，有 n 个热源，第一热源送出的热水依次在用户散热后，流回下游第二热源，被第二热源加热后再次经热用户散热后流回第三热源，以此类推，直到第 n 个热源后返回第一热源。市区多能互补区域供热系统应优先采用混水泵直连系统。混水泵站从一级网支线抽取热水并进行混合，达到供水温度后送入二级网，在用户供热系统末端设备进行散热后，较低温度的水返回支干线。使回水和支干线热水混合，混合节点之后的热水温度逐渐降低。一级网支线经过若干次混合、降温，最终由起始设计温度（85℃）降到最终回水设计温度（40℃）。以混水泵为分界，混水泵至区域性热源的管网称为一级网，混水泵至热用户的管网称为二级网，二级网总是普通的双管枝状管网布置。

图 3-2 中，区域性热源，基本热源 1-1、集中调峰热源 2-1，通过输送干线 1 将热能输送到输配干线 1，输配干线 1 将水分流到所连接的若干条支干线上，支干线连接有能源站 3、双向能源站 4 和混水泵站 5。一级网中的热水在沿途混水泵站 5 的作用下进入二级网及其用户，经用户散热后通过二级网回水管返回一级网支干线。所有混水泵站二级网的回

水节点（与一级网的连接点）温度都会降低，直到进入输配干线2前，每条支干线的水温都要降低到设计回水温度40℃。输配干线2汇集各支干线的回水送入输送干线2，最终进入基本热源1-2和集中调峰热源2-2，被再次加热到设计供水温度85℃，来自热源1-2和2-2的供水再依次送入输配干线3及其连接的所有支干线。支干线的热水顺序经混水泵站等加压送入二级网、热用户，然后返回支干线、输配干线4、输送干线1的回水管，最终返回区域性基本热源1-1、2-1被加热，如此循环往复。需要特别指出，在输配干线2和输配干线4分别设置水源热泵，可以把城市一级网回水温度从40℃降低到10℃以上，而热泵作为区域性热源可直接对片区进行供热而无须进一步升温。

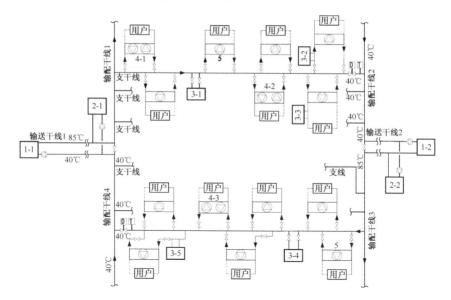

图3-2　双热源对置单管多能互补低温区域供热系统

1—基本热源；2—集中调峰热源；3—能源站；4—双向能源站；5—混水泵站。

图3-2中，区域性基本热源1-1和1-2对置，供热量相当。当供热量相差较大时，用集中调峰热源或沿途工业余热等不受气象条件影响的能源站补充。

区域性集中调峰热源 2-1、2-2 与基本热源并联或串联运行均可，图 3-2 为并联设置。集中调峰热源宜布置在输送干线上，便于和所有能源站进行互补，有利于对全网进行昼夜调峰。通过全网的热电一体化调度，能够实现弃风（光）电和其他可再生能源的最大化消纳。通过全网的优化运行调节，可实现最大化节能减排和经济运行。当开启寒冷期、严寒期调峰功能时，应根据当地供热负荷延续图制订随气温变化的整体运行方案。

分布式能源站 3-1～3-5 是缩小版的调峰热源，由于单管系统中温度沿支干线各节点依次降低，当热媒温度不能满足大多数用户要求时，可以在该节点下游安装能源站将热水升温。能源站主要布置在二级网，一方面，用来提升那些低于供热用户要求的、接近支干线回水温度的热媒供水温度，另外较低的供水温度可以提升可再生能源的转化效率；另一方面，对于那些供水温度不严重影响转化效率的能源站，可以根据需要将其安装在输配干线、支干线、二级网等。

双向能源站 4-1～4-3 是能源站和混水泵站的有机组合。在当地具备能源条件且混水泵站占地面积允许时，可在混水泵站内增加清洁热源。双向能源站出水和支干线连接点的温度有时升高，有时下降，当双向能源站向一级网反补热能时，节点的温度升高；当一级网支干线经双向能源站向用户供热时，回水节点的温度降低。

图 3-3 为多热源单管多能互补低温区域供热系统，该供热系统分为 4 个供热区域，每个供热区域有一个基本热源和一个集中调峰热源。每个供热区域的一级网支干线均为同程式布置。热媒水从Ⅰ区热源 1-1、2-1 经输送干线 1、输配干线 1 供水管，分配给Ⅰ区支干线，各支干线通过混水泵站和二级网热用户直接连接。二级网混水在用户散热后返回该支线。混水泵站下游支干线温度下降，直到经过该支线最后一个混水节点后，热媒温度降低到规定值。Ⅰ区的每条一级网支干线与输配干线 1 回水管相连，Ⅰ区输配干线 1 的总回水管又与Ⅱ区热源 1-2、2-2 的输送干线 2 的回水管连接，这样Ⅰ区的总回水进入Ⅱ区热源 1-2、2-2 被第二次加热后经输

送干线 2 供给 II 区支干线。II 区各支线回水集中到输配干线 2 的回水,再次送入 III 区热源 1-3、2-3,在 III 区热源 1-3、2-3 被第三次加热后供给 III 区各支线。III 区各支线回水又送入 IV 区热源 1-4、2-4 被第四次加热,在 IV 区各支线用户散热后的回水最终返回热源 1-1、2-1,被再次加热、送出……如此周而复始、循环供热。

同样,各供热区域范围内还布置有能源站、双向能源站,能源站、双向能源站利用可再生能源供热和集中调峰热源互补。混水泵站至热用户的二级网总是双管枝状布置。

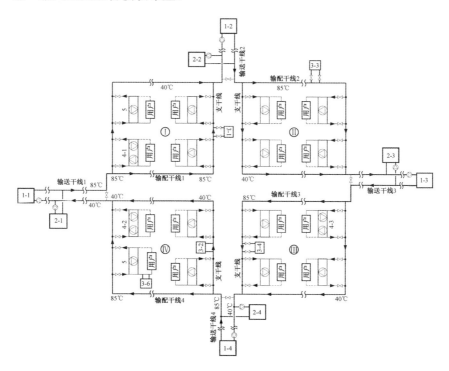

图 3-3　多热源单管多能互补低温区域供热系统

1—基本热源;2—集中调峰热源;3—能源站;4—双向能源站;5—混水站。

图 3-4 采用单管支线环状布置,这种布置方法的热源位置更加灵活。为了与图 3-2 对比,图 3-4 热源仍对置。

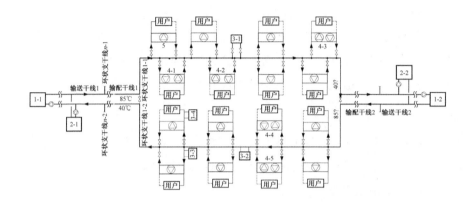

图 3-4　多热源单管环状多能互补低温区域供热系统

1—基本热源；2—集中调峰热源；3—能源站；4—双向能源站；5—混水站。

图 3-4 中，基本热源 1-1 和集中调峰热源 2-1 通过输送干线供回水管把热水配送到输配干线上。输配干线引出环状分支 1、2、…、n，图 3-4 中仅显示了内环分支 1 的管道布置方式。在环状支干线 1-1 上，通过混水泵站或双向能源站直连二级网向用户供热。如前所述，所有混水泵站的回水管和环状支干线的连接点温度都会逐渐降低，直到进入输配干线 2 前，水温降到 40℃。然后通过输配干线 2 的回水管送入热源 1-2、2-2，再次加热到 85℃。经输配干线 2 的供水管、环状支干线 1-2、混水泵站等进入二级网及其用户，直到经过最后一个热用户后环状分支 1-2 水温降低到 40℃，返回到输配干线 1、输送干线 1，进入基本热源 1-1、1-2 再次加热，如此周而复始、循环供热。

图 3-4 中的基本热源、集中调峰热源布置更加灵活，区域基本热源、调峰热源、能源站、双向能源站等构成了可再生能源多能互补低温区域供热系统。

3.1.1　单管系统的循环泵

根据安装位置的不同，单管系统的循环泵分为以下 4 种类型。

（1）基本热源的循环泵。基本热源的循环泵串联运行，相互中继加压。某基本热源加热系统发生故障时，循环泵组也要正常运行，因为只要水力工况正常，其他热源的热量就可以通过环状支干线送到各混水泵站，这对于保障供热率非常重要。

（2）调峰热源循环泵。调峰热源循环泵只提供调峰负荷对应流量的那部分循环动力时，集中调峰热源循环泵和基本热源循环泵并联如图 3-2 所示。调峰热源循环泵也可以与基本热源循环泵串联。当设计为串联时，调峰热源将输送干线低温回水第一次升温后再送入输送干线回水，由基本热源循环泵接力送入基本热源进行二次升温，见图 3-1 中调峰热源 2。

（3）能源站循环泵。将管道部分热水抽入能源站，加热后返回原管道。管道的水力工况几乎没有发生改变，而温度得到提高，这就是说，管网循环流量保持不变，但是却提高了管道的输热量。

（4）混水泵站加压泵和混水泵。单管系统一级网不能单独向二级网提供循环动力，所以混水泵站必须通过安装供水加压泵或回水加压泵，或者同时安装供水和回水加压泵，为二级网及其用户提供循环动力。加压泵的选型要根据一次侧管网压力与用户要求的压力、二级网循环阻力，并通过水压图分析确定。有时加压泵兼作混水，有时独立安装混水泵，而跨接在二级网供回水管之间的混水泵则视相对压差来确定。

3.1.2　热量分配

各输送支干线热量的分配仅决定于流量的分配。图 3-2 中由于输配干线 1 和 2、输配干线 3 和 4 的温差相等,所以其间的支干线流量越大,输热量越大。各支干线热量平衡,只需要按照支干线末端温度动态调节支线的流量就可以实现。而图 3-4 则是环状支线 1-1 和 n-1、1-2 和 n-2 的温差相等,只要末端温度均降为设计回水温度 40℃,就达到了热力平衡。

支线上连接的各二级网用户跨越式串联连接,循环水依次经过各混水泵站分支节点。进入某个热用户的水量多或少,回水温度高或低,也就是每个用户的水力失调和热力失调,并不会对下游热用户的用热量造成影响,因为上游用户的过剩热量会自然流向支线下游,而上游用户过多消费的热量由热源来补充。支线上各热用户的热量分配是由用户自主确定的,即热用户可以根据需要热量的多少调节从支线中的取水量。

3.1.3　用户供回水温度

用户的二级网供水温度既与一级网节点的温度有关,也与抽引用户自身回水的流量有关。当混水量较少时,用户将得到较高的供水温度,而用户的回水温度则与二级网的总流量有关,流量越大回水温度就越高。这样通过调节混水量及进入二级网系统的流量,就可以调节用户系统的供热量了。

3.1.4　单管系统的主要特点

（1）系统压力低。与双管枝状系统相比，多热源低温单管系统的管网水压图仅为一条管压曲线，没有双管系统那样的资用压差，这是因为管网的压力降低了。一级网及其附件压力的降低不仅减少了初投资，更为重要的是，为混水直连方式创造了条件。混水直连方式省去了换热器及其系统阻力，减小了循环水泵的扬程，降低了初投资、运行能耗和运行费用。

（2）有利于分布式加压泵的推广。众所周知，分布式加压泵的应用虽然具有很大的节能潜力，但是在实际工程中的应用并不普遍。单管系统只有一根水管，既是供水管也是回水管，因而在没有分段设置一级网分布式加压泵的条件下，便取得了超越双管系统分段均布加压泵的节能效果[33]。而混水加压泵站更是履行分布式加压泵的功能，混水泵的流量、扬程的设计计算要比双管系统简单得多，它的大小不会引起管网用户的水力失调，系统可以根据用户实际需要选择变频泵。

（3）事故工况下管网可靠性提高。沿途管径不变是单管系统的主要特征，只要在各支线的适当位置增加一个连通管就构成了环状管网。无论是管道故障还是热源加热系统故障，管道的热媒水仍然能顺序流过各用户，管道压力不会像枝状管网系统和多热源多泵环状管网系统那样出现大幅波动。由此可见，单管系统与双管枝状管网相比可靠性提高了，与多热源多泵双管环状管网相比，降低了协调控制的复杂性。

（4）更适应热负荷的增长。前已述及，单管系统只要提高水温就能增加输热量，而多能互补区域供热系统热源灵活多样，因而管网的输热量不再受输水量的制约，可以更好地适应负荷的增长。当增加新用户时，可在适当位置新建能源站或双向能源站，无须更换大直径管道就能提高整个系统的输热量。由此可见，供热量与循环水量的关系不再耦合是单管系统的又一特征。

（5）水力工况稳定。单管系统能源站和双向能源站的投入运行只提升了支线热媒的温度，而对水力工况的影响甚微。

3.2 双管区域供热系统

图 3-5 为双管枝状管网多能互补低温区域供热系统，该系统与单管系统一样，仍由基本热源 1、集中调峰热源 2、能源站 3、双向能源站 4 等热源，以及输送干线、输配干线、支线、混水泵站、二网及其热用户等组成。双管枝状管网布置简单，管线距热源越远循环流量越少，管径越小。双管枝状管网热媒顺序流过各用户，水力工况简单，运行管理简便。单一热源的双管枝状管网可靠性差，管道某处发生故障后，故障点下游热用户都将受到影响。然而对于多能互补低温区域供热系统，既因为热媒温度低、压力低，又因为基本热源、集中调峰热源、能源站、双向能源站的多能互补，加之蓄热罐、管道蓄热及建筑物蓄热的应用，因此，与单热源相比，多能互补低温区域供热系统双管枝状管网的供热可靠性得到了较大的提高。

需要说明的是，双管系统和单管系统不同，能源站和双向能源站的投入运行不仅影响了系统的热力工况，也改变了系统的水力工况，任何热源的投入，水力工况都将重新分布。这一点比双管系统单管系统更复杂。

另外，再次强调，集中调峰热源使用的能源主要采用一些不受气象参数影响的可再生能源，如生物质、垃圾、深层地热井、燃气锅炉房、背压式热电厂等。而能源站、双向能源站的能源采用的是和气象条件有关的而且对周围环境影响更小的弃风（光）电能、太阳能、空气能、地热及中层地热能等。一座集中调峰热源的供热量要高于一座分布式能源站，但所有集中调峰热源的总供热量和所有能源站总供热量应相当。

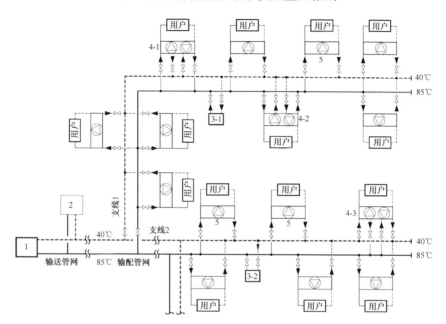

图 3-5　双管枝状管网多能互补低温区域供热系统

1—基本热源；2—集中调峰热源；3—能源站；4—双向能源站；5—混水站。

　　图 3-6 为双管环状管网多能互补低温区域供热系统。由于采用了环状管网，供热的可靠性得到了极大提高，但是双管环状管网投资高、水力计算复杂，加之能源站和双向能源站的投入，采用简单的解析式计算水力工况已经不可能了，因此需要建立准确完善的管网水力仿真模型来辅助运行管理。为了提高管网水力仿真模型的计算精度，应检查收集供热系统节点压力、管道流量等数据，对管网阻力系数进行辨识。通过研究，一种基于优化计算的管网阻力系数辨识方法可以显著改善已有水力模型的仿真效果，更能有效指导供热运行。

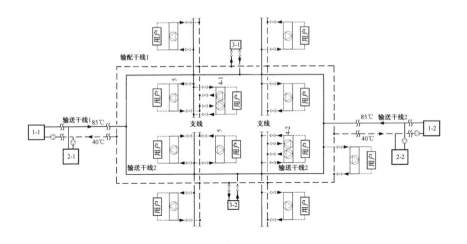

图 3-6 双管环状管网多能互补低温区域供热系统

1—基本热源；2—集中调峰热源；3—能源站；4—双向能源站；5—混水站。

3.3 三管区域供热系统

图 3-7 为三管多能互补低温区域供热系统，它与双管枝状管网多能互补低温区域供热系统的区别是在高温管道85℃和低温管道40℃之间增加了一条中间温度（热媒温度50℃）的管道（以下简称"中温管道"）。这样设计的三管系统，可以根据热用户供热系统末端装置要求的热媒参数选择连接。三管系统高、中温管道循环泵分别安装在它们的供水管道上，由安装在供水管道上的压力控制器进行变频控制。这样控制可以保证高、中温管道的流量之和始终等于低温回水管的流量，满足质量平衡；还可以满足高、中温管道的资用压力及中、低温管道的资用压力要求。对于那些连接在高、低温管道之间的用户的过剩资用压力则在用户入口节流消耗。

图 3-7 中示意了三种热用户。热用户 6 代表上供下回单管顺流式散

热器用户,设计热媒参数为 75/50℃;热用户 7 代表分户控制散热器用户;热用户 8 代表低温辐射供热热用户。对于热用户 6,当设计供水温度降低到 50/40℃,单管顺流式系统接近底层的房间难以达到规定的室内温度时,高、中温管道可以满足这种用户及公共建筑热媒的需求。对于热用户 8,可以通过中、低温管道满足室内供热系统的用热需要;对于热用户 7,既可以接在高、中温管道上,也可接在中、低温管道上。如果室内供热系统难以改造成低温供热系统,则从高、中温管道接入,这一点单管系统也完全可以做到,而不影响下游用户。鉴于此,低温三管混水泵直连的供热系统为热用户热媒参数的选择创造了条件,可以解决低温工况要求的室内供热系统改造的困扰。

图 3-7 中,热用户 6 必须通过普通混水泵站,或者双向能源站连接在 85/50℃的管道上,这样室内系统不用改造就可得到 75/50℃的热水了。热用户 7 和热用户 8 应该优先连接在 50/40℃管道上,这样有利于能源站高效利用可再生能源。

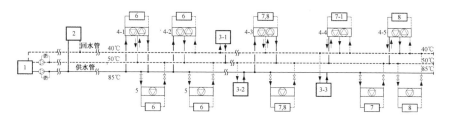

图 3-7　三管多能互补低温区域供热系统

1—基本热源;2—集中调峰热源;3—能源站;4—双向能源站;5—混水站;
6—上供下回单管顺流式散热器用户;7—分户控制散热器用户;8—低温辐射供热用户。

　　双向能源站 4-1 由一级网供给 85/50℃的热水,经混水泵混水为热用户 6 提供较高热媒温度的同时,也可抽引系统的中温水加热到 85℃后返补高温系统热量;双向能源站 4-2 在为热用户 6 提供较高热媒温度的同时,也可抽引系统的低温水加热到 50℃后返补中温系统热量。双向能源站 4-3 在由一级网供给 85/40℃的热水,经混水泵混水为用户 7 或用户 8 提供 50/40℃（或 45/35℃）热水的同时，也可抽引系统的低温水加热到 50℃后返补中温系统热量；双向能源站 4-4 在由一级网直供用户 7-1 50/40℃热水的同时，也可抽引系统的低温水加热到 50℃后返补中温系统热量；双向能源站 4-5 在由一级网供给 50/40℃的热水，经混水泵混水为热用户 8 提供 45/35℃热水的同时，也可抽引系统的低温水加热到 50℃后返补中温系统。

能源站 3-1 加热 40℃的回水供给 50℃的管道；能源站 3-2 加热 50℃的回水供给 85℃的管道；能源站 3-3 加热 40℃的回水供给 85℃的管道。能源站、双向能源站反补中温管道还是反补高温管道，主要根据能源站供热设备的转换效率来抉择。能源站、混水泵站的进出水管连接在三管系统的哪两根管道上也要照顾负荷的匹配。

三管系统存在以下主要特点：

（1）对用户供热系统热媒的适应性更强。对于末端装置为散热器、低温地板辐射、毛细管等的室内供热系统，可以根据需要选择高温、中温，高温、低温或者中温、低温管道接入，解决传统供热系统难以改造的矛盾。

（2）管网蓄热容量更大。管道数量增加，蓄热容量增加 50%。

（3）管网可靠性高。两条供水管，管网的可靠性更高。

（4）管网的投资增加。

（5）管网占地面积增大。

（6）管网水力工况复杂，要求自控系统来实时完成水力平衡。

第 4 章

多能互补低温区域供热系统热源

可再生能源多能互补低温区域供热系统由多种清洁热源组成，按照热源在系统中所起的作用分为基本热源、集中调峰热源、分布式调峰热源；按照热源生产方式的不同分为区域性热力站、热电厂、低温核供热站、区域锅炉房、大型热泵站、可再生能源供热站等。其中，分布式调峰热源主要是可再生能源供热站，以下简称"能源站"。

4.1　基本热源

4.1.1　区域性热力站

前已述及，区域性热力站一次侧是城际供热系统的高温高压热媒水，二次侧则为城市低温低压热媒水。区域性热力站的数量及其规模根据城际管网的供热量和每个区域供热系统的规模来确定。按照国内现有成熟经验[34]，一个混水泵直连的区域供热系统供热面积已经超过了 500 万平方米。

区域性热力站的核心设备是大温差吸收式热泵换热器。现有的吸收式热泵热力站规模一般在 10 万平方米左右，而一个区域性热力站的供热规模要比现有普通吸收式热泵热力站大得多，供热规模在 10～100 倍之间，因而数量更少、更集中、更容易选址，更能保证既定的低温回水。

区域性热力站与国内城市集中供热的大型隔压站类似，这里不再赘述。

4.1.2　低温核供热堆

为了满足城市供热需求，中核集团开发了一种堆型产品——池式低

温核供热堆，为供水温度不高于 90℃的多能互补低温区域供热系统创造
了条件。

池式低温核供热热源系统图，如图 4-1 所示，图中第一循环回路由反
应堆水池、堆芯、上升筒、衰减筒、衰减筒出水管、一回路供水管、换热
器、一回路循环泵、一回路回水管等组成；第二循环回路由换热器、二回
路供水管、一级网换热器、二回路回水管、二回路循环泵等组成；第三循
环回路由一级网换热器、一级网供水管及其热用户（图中未画出）、一级
网回水管、一级网循环泵等组成。进入一级网的热媒水温度不高于 90℃。

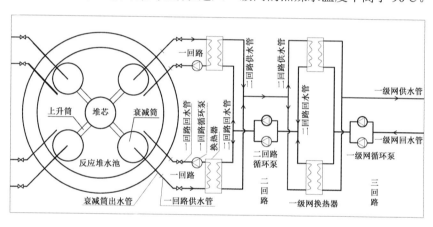

图 4-1　池式低温核供热热源系统图

供热系统采用三级循环环路、两级板式换热器进行二次隔绝式连接
是为了有效隔离核污染。另外，为防止一回路热水串入二回路，二回路系
统设计压力要高于一回路；为避免设备损坏发生核事故，反应堆及其一回
路系统全部安装在地下二层，二回路布置在地下一层。

堆芯被淹没在约 20m 深的常压深水池底部，省去了压力容器、安全
壳等部件，且易于运行维护，为了有效隔离放射性，采用堆水池、燃料包
壳、深埋地下并密封厂房等 4 道屏障。池式堆放射性源项小，是常规核
电站的 1%。发生任何事故，依赖反应堆固有的负反馈特性都可以自动停

堆，因为有约 2000t 水可确保堆芯 20 余天不会裸露，因此停堆后也不需要采取任何冷却措施。池式堆退役彻底，有成熟的退役经验，上海微堆、济南微堆退役已成功完成，厂址可绿色复用。由此可见，池式堆系统比较简单、固有安全性高，技术比较成熟，占地面积较小，能达到"零堆熔、零排放、易退役"。因为消除了厂外核污染释放，所以无须厂外应急；因为废物接近零排放，所以无须滨海、滨河选址；因为占地面积小，所以适合城市用地；因为采用空气冷却，所以无须大型水源要求。简而言之，池式堆无特殊地质结构要求、无特殊气象环境要求、无人口规模大小限制要求，所以允许距城市居民区更近，更适合作为区域性热源。

资料显示，400MW 的核能供热堆每年约消耗核燃料 2.5t，约可替代 32 万吨标准煤。由此可减少二氧化碳排放约 64 万吨、硫化物排放量约 1 万吨、氮化物排放量约 3000t、固体废弃物约 10 万吨；减少煤炭运输量 32 万吨、灰渣运输量 10 万吨；且没有碳、氮、硫、烟尘及灰渣等排放，放射性释放仅为燃煤排放的 2% 左右。

池式低温供热堆初投资约为相同热功率煤锅炉的 2~3 倍，运行寿命为 40~60 年，运行成本比燃煤锅炉低得多。到目前为止，国外已建成 200 多座池式反应堆，安全运行超过 10000 堆年；国内已建成 10 余座，安全运行超过 500 堆年，国内池式反应堆包括中国原子能科学研究院的 49-2 堆、微堆、CARR 堆，中国工程物理研究院的 300 号堆，中国核动力研究设计院的岷江堆，深圳大学的商用微堆，这些都为池式常压低温供热堆的工程设计、工程建造和供热运行提供了坚实的案例支撑。

综上所述，国内对于池式堆已有几十年的工程实践，采用使用过的成熟设备和操作简单的"傻瓜堆"运行模式，可以降低前期研发费用和运行成本。低温核供热池式堆是符合节能减排要求的清洁能源，也是安全、可靠、稳定的能源，更是有利于经济可持续发展的优质能源。低温核供热与多能互补低温区域供热系统热媒温度高度契合，建设场地也没那么苛刻，因此利用池式低温核供热承担区域供热系统的基本热负荷是可行的。

4.1.3　垃圾焚烧锅炉

随着国民经济的持续增长、人民生活水平的不断提高,以及城镇化速度的加快,产生的工业和生活垃圾越来越多。将垃圾燃烧产生的热能用来供热或发电是目前垃圾处理的最好方式之一。

由于垃圾场悬浮颗粒物、臭气、氨气、硫化氢等污染环境,而垃圾焚烧产生的烟尘、二氧化硫、氮氧化物、一氧化碳、氯化氢、汞、镉、铅、非甲烷总烃等对大气环境造成的污染更加严重。《生活垃圾焚烧污染控制标准》(GB 18485—2014)对焚烧锅炉房的选址进行了严格的规定。简言之,就是垃圾焚烧锅炉房应远离城区。

根据《生活垃圾焚烧污染控制标准》(GB 18485—2014),焚烧锅炉不宜频繁起停,焚烧炉每年启动、停炉过程排放污染物的持续时间,以及发生故障或事故排放污染物的持续时间累计不应超过 60h,焚烧锅炉宜作为基本热源在整个供热季连续运行,或作为季节调峰热源在严寒期连续运行,不应作为昼夜调峰使用。

4.1.4　热电厂

我国贫油富煤,煤炭是主要的能源。煤炭产量占全球 50%以上,而石油、天然气主要依赖进口,石油对外依存度接近 70%,天然气对外依存度为 45%左右,因此煤炭在发电行业中一直占据较大的比重。近年来,能源进口数量大幅度提升,能源安全风险日益显现。在"双碳目标"背景下,在清洁化能源替代过程中,不管从能源安全还是从清洁电力缺口角度出发,保留一定数量的背压热电厂,在煤炭利用率最大化条件下,在严寒期既发电又供热是必不可少的。

当热电厂由 0.4MPa 的高温高压汽轮机抽汽降为 70kPa 的超高背压乏汽供热时，供热管网的供水温度就从 130℃降低到了 88℃。在调节状态下，当汽轮机乏汽压力降低到 54kPa 时，热网供水温度就可降低到 81℃，依次为：35kPa，70℃；15kPa，52℃；10.5kPa，45℃；8kPa，40.0℃。众所周知，利用乏汽供热的热电厂一次能源利用率最大，可实现节能减排。

燃气充足时，燃气热电厂也可作为多能互补低温区域供热系统的基本热源。

4.2　集中调峰热源

多能互补低温区域供热系统的集中调峰热源有两个调峰功能：首先是能源站包括双向能源站受到昼夜气象条件变化制约时的替代热源，称之为日调峰。日调峰热源必须具备启停灵活的功能，如燃气锅炉房、生物质锅炉房、电锅炉等。其次是传统调峰热源的功能，即在气温进入严寒期，基础热源供热量不足时依次投入的热源，即随着气温的降低，基础热源供热量低于热负荷时，逐个投入运行。第二个功能对热源启停的灵活性没有特殊要求。

4.2.1　生物质锅炉

生物质锅炉房具有如下特点：①生物质原料具有含水量高、吸湿性强、密度低、含氧量高、热值低、能量密度低、能源化利用率低等特点；②生物质燃料用料多、运输成本高、燃料堆集面积大、在堆放储存过程中易积热自燃，存在较大的安全隐患，所以要求更大的消防距离和更完备消防配套设施；③生物质锅炉房不仅可以利用各种植物秸秆，减少秸秆燃烧的烟气，还可以降低二氧化硫、氮氧化物等污染物的排放；④生物质锅炉房不仅可以自动点火，还可以随时点火、随时熄火。根据这些特点可以得出：生物质锅炉房供热功率不宜太大，不宜太集中，不易靠近居民区，不宜用作基本热源；但是生物质锅炉房可以进行调峰，严寒期调峰或昼夜日调峰。这种使用方式秸秆用量相对较少，可以扬长避短，与其他不稳定低碳清洁能源形成互补。

4.2.2　中深层地热能

中深层地热能是温度高于 25℃，集"热、矿、水"为一体的自然资源。国家"十三五"规划要求，"十三五"期间我国利用中深层地热能进行供热的新增面积为 4 亿平方米。《北方地区冬季清洁取暖规划（2017—2021）》指出，要采取集中式与分散式相结合的方式推进中深层地热供热，实现地热资源的可持续开发。

中深层地热能不受昼夜及气象条件的影响，热流密度、流量、温度等热物性参数稳定。中深层地热能也是一种洁净、安全、宝贵的可再生能源。当太阳能、风能不足时，启动中深层地热能进行互补是一个比较好的选择。由此可见，中深层地热能既能用于日调峰也能用于季节性调峰，也不需要额外的蓄能。

当温度在 50～60℃时，作为分布式调峰热源；当中深层地热水温高于 80℃以上，距供热区域较远时，可作为集中式调峰热源。

4.3　能源站

能源站是可再生能源多能互补低温区域供热系统的重要组成部分，是多能互补热源重点讨论的对象。能源站作为小型分布式调峰热源、清洁可再生能源的选择要因地制宜，遵循低碳能源、可再生能源最大化，能源梯级利用、品质对口、节能效益最大化，低温低品位多能互补供热系统经济效益最大化的原则。按照能流方向分为单向能源站（以下简称"能源站"）和双向能源站。能源站接受当地能源，经过加工转化生产出热能供给管网；双向能源站既可以接受来自一级管网的热能向二级网供热，也可以根据即时能源状况生产存储热能，并向一级网或二级网供热。

能源站根据生产热能设备，可分为小型燃油锅炉房、燃气锅炉房、电热锅炉房；各种热泵站包括空气源、工业废气源、各种低温水源（含太阳能制热水）、地源等。能源站的主要特点是启停灵活，以可再生能源为主，对于气象条件具有依赖性。有适宜的可再生能源时优先运行，如夜间有弃风电可用时、日间有弃光电或光热可用时，都要优先投入，提高风电、太阳能等清洁能源供热的比例，实现低碳、高效、经济供热。为了保障供热，一些不受气象条件影响的能源站，如天然气、燃油等，也应该占有一定比例。

双向能源站是能源站和混水泵站的组合。在有条件的地方，能源站和混水泵站合并建设，可以减少占地、节约投资、节省人力。双向能源站和能源站同样具有运行灵活、系统节能显著等特点。

分布式能源站、集中调峰热源、基本热源等共同构成了低温网供热系统的热源。

4.3.1　布置在单管系统的双向能源站

图 4-2 是由电锅炉 2、蓄热罐 3、混水泵组 4，以及各种循环泵、管路和阀门等组成的电锅炉供热的双向能源站系统。当没有弃风弃光电可用时，混水泵组从一级网抽水加压向二级网用户供热。若用户节点支线温度不低于 75℃，可以为传统上供下回单管串联系统及分户控制散热器系统提供各种温度的热水，减少散热器系统的改造量；对低温辐射供热系统经混水后提供更低温度的水。当支线温度低于 75℃且高于 50℃时，仍然可以为散热器系统的热用户提供 50/40℃的热媒水，减少散热器系统的改造量。若支线温度低于 50℃大于 40℃，还可以向地暖用户提供 45/35℃的水。但是由能源站独立供热的供水温度不受一级网连接点温度的影响。

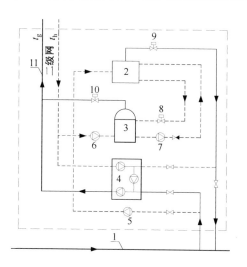

图 4-2　电锅炉供热的双向能源站系统

1—单管一级网；2—电锅炉；3—蓄热罐；4—混水泵组；　5—锅炉给水泵；
6—能源站独立供热循环泵；7—蓄热泵；8~10—电动阀；11—二级网。

当有弃风（光）电可用时，则开启电供热模式。依靠能源站独立供热循环泵 6、蓄热罐 3，开启电动阀 10 独立向二级网供热。当弃风（光）电高发时，电锅炉可以同时向一级网和蓄热罐供热。启动锅炉给水泵 5 抽引一级网水经电锅炉 2 加热，开启电动阀 9，反补一级网热量。蓄热罐 3 及其蓄热泵 7 和电锅炉及开启的电动阀 8 构成内部蓄热循环，保证蓄热罐具有能源站独立供热的热能。

图 4-3 是由太阳能集热器 1、电锅炉 2、蓄热罐 3 等组成的太阳能电锅炉蓄热罐双向能源站系统。日间太阳能集热器加热蓄热罐底层二级网回水，通过能源站独立供热循环泵 6 并开启电动阀 9 对二级网进行独立供热。蓄热罐蓄热循环系统由蓄热泵 7、太阳能集热器 1、开启的电动阀 11 和电动阀 8 及蓄热罐等组成。当太阳能不足且有弃风（光）电时，启动电锅炉，开启电动阀 10、12，关闭电动阀 11 向蓄热罐补充热量。当弃风（光）电过剩时，电锅炉同时向蓄热罐和一级网供热。向一级网供热环路由锅炉给水泵 5、电锅炉 2、电动阀 13 及其管道组成。为了最大限度地利用清洁、低碳、可再生能源供热，应进行多能互补系统的热电一体化调度。

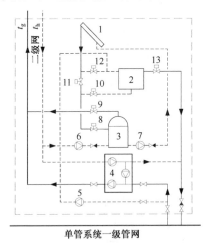

图 4-3　太阳能电锅炉蓄热罐双向能源站系统

1—太阳能集热器；2—电锅炉；3—蓄热罐；4—混水泵组；5—锅炉给水泵；
6—能源站独立供热循环泵；7—蓄热泵；8~13—电动阀。

当缺乏可再生能源利用时,应开启混水泵组 4 供热,这里不再赘述。

图 4-4 是由空气源热泵 1、电锅炉 2、蓄热罐 3、混水泵组 4、管路及其阀门等组成的空气源热泵电锅炉蓄热罐等组合的双向能源站系统。空气源热泵 1、蓄热罐 3、蓄热泵 7 及其管路、阀门等构成了一个蓄热环路,其中空气源热泵为热源,电锅炉为补充热源,蓄热罐为二级网热源,蓄热泵为蓄热循环提供了动力。当有弃风(光)电可用时,启动热泵独立供热模式:启动蓄热泵 7,开启电动阀 8、11,由热泵源源不断地向蓄热罐供热;同时,打开电动阀 9,开启能源站独立供热循环泵 6 向二级网供热,在热用户散热后返回蓄热罐,如此完成独立供二级网循环。当弃风(光)电力过剩时,启动供热蓄热模式:在热泵供二级网的同时,启动锅炉给水泵 5、电锅炉 2,打开阀门 13,进入电锅炉的一级网水被升温后返回一级网。当室外气象条件不足以满足二级网用热需求时,由一级网混水泵组 4 对二级网进行供热。热泵和电锅炉的运行服从整个系统的一体化调度。

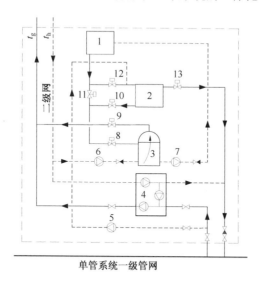

图 4-4　空气源热泵电锅炉蓄热罐等组合的双向能源站系统

1—空气源热泵;2—电锅炉;3—蓄热罐;4—混水泵组;5—锅炉给水泵;
6—能源站独立供热循环泵;7—蓄热泵;8~13—电动阀。

若当地有工业废气、废水等余热，则将图 4-4 中的热泵改为废气、废水源热泵，这些能源不受大气环境的影响。

当双向能源站和一级网连接点的温度介于 40～50℃时，空气源热泵电锅炉高低温蓄热罐组合的双向能源站系统如图 4-5 所示。图 4-5 设计有 3 个回路：热泵独立供热回路、反补一次网独立回路及混合供热回路。当有弃风（光）电时，开启热泵独立供热回路，热用户回水在能源站独立供热循环泵 6 的作用下，经热泵加热，开启电动阀 8、10，途径低温蓄热罐 3-1 供给热用户。在弃风（光）电高发时段，同时开启共用循环泵 4，一级网经过空气源热泵 1、电动阀 7、电锅炉 2、高温蓄热罐 3-2、电动阀 12，反补一级网系统。混合供热回路通过共用循环泵抽引低于 50℃的一级网热水，经空气源热泵 1，将水加热到设计供水温度（50℃），送入低温蓄热罐 3-1 存储，并供给二级网用户。在热用户散热后经混供分支 5、电动阀 13 返回一级网。混合供热回路及能源站独立供二级网回路的热水温度不受一级网连接点温度的影响，以后不再赘述。

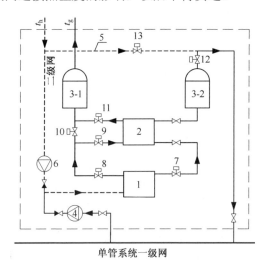

图 4-5　空气源热泵电锅炉高低温蓄热罐组合的双向能源站系统

1—空气源热泵；2—电锅炉；3—蓄热罐；4—共用循环泵；5—混供分支；

6—能源站独立供热循环泵；7～13—电动阀。

图4-6为接入温度介于40～50℃之间的一级网管段的由中深层地热、热泵、换热器组合的双向能源站系统。第一回路为热水井回路，由抽水泵5抽引热水进入高温换热器2-1，进行第一次放热；中间温度的井水再进入二级换热器2-2，再次放热降温后进入水源热泵1的蒸发器进一步进行放热；10℃左右的冷水返回回灌井8。第二回路为二级网系统，二级网回水在能源站独立供热循环泵6的作用下依次进入换热器2-2、水源热泵1的冷凝器，加热后供给二级网，在用户散热后返回，如此循环。第三回路向一级网反补热能，由加压泵4抽引一级网热水送入一级换热器2-1进行加热后，途径蓄热罐3、电动阀11返回一级网。

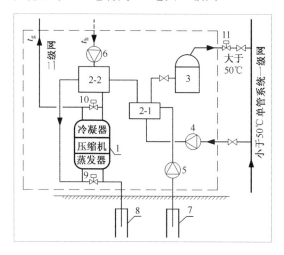

图4-6　中深层地热、热泵、换热器组合的双向能源站系统

1—水源热泵；2—换热器；3—蓄热罐；4—加压泵；5—抽水泵；6—能源站独立供热循环泵；
7—地热井；8—回灌井；9～11—电动阀。

4.3.2　布置在双管系统的双向能源站

双管系统为常规系统，布置在双管系统的双向能源站原则性热力系统与所处的位置无关。它的特点是供回水温度沿途一致，当设计温度为

85/40℃时，不管是哪种室内供热系统，用户的回水温度都是40℃。从适应不同的热媒温度要求来讲，没有单管系统和三管系统那样灵活。

图4-7为电锅炉、蓄热罐双向能源站系统，该系统由4个循环环路组成：一级网通过混水泵组供二级网环路；能源站独立供热环路；电锅炉向蓄热罐蓄能环路；电锅炉反补一级网热能环路。其中，锅炉给水泵5作为蓄能环路和反补一级网热能环路的共用循环泵。电锅炉运行工况同样取决于可再生能源的即时量，分为3个阶段，依次为蓄热阶段、蓄热同时供二级网阶段、蓄热且供一级网和二级网阶段，当可再生能源不足时，由一级网混水泵组供热，其运行调度服从整个供热系统的热电一体化调度。

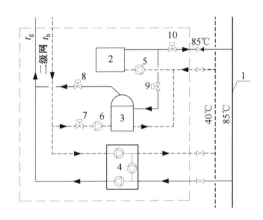

图4-7　电锅炉、蓄热罐双向能源站系统

1—双管系统一级网；2—电锅炉；3—蓄热罐；4—混水泵组；5—锅炉给水泵；

6—能源站独立供热循环泵；7～10—电动阀。

图4-8为太阳能、电锅炉、蓄热罐双向能源站系统，该系统同样由4个循环环路组成：一级网通过混水泵组供二级网环路；能源站独立供二级网环路；蓄热罐蓄能环路；电锅炉反补一级网环路。当太阳能满足二级网热负荷要求时，由太阳能独立供热；当太阳能不足时，由电锅炉补充；电锅炉运行工况同样取决于可再生能源的即时量，这里不再赘述。当可再生能源不足时，由一级网混水泵组供热，并服从整个供热系统的热电一体化调度。

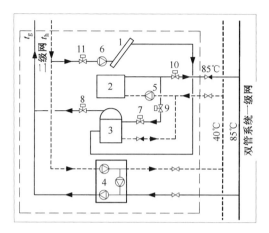

图4-8　太阳能、电锅炉、蓄热罐双向能源站系统

1—太阳能集热器；2—电锅炉；3—蓄热罐；4—混水泵组；5—锅炉给水泵；
6—能源站独立供热循环泵；7～11—电动阀。

　　图4-9为空气源热泵、电锅炉、高低温蓄热罐双向能源站系统，该系统由 4 个循环环路组成：一级网通过混水泵组供二级网环路；能源站独立供热环路：循环泵 6 把二级网回水送入空气源热泵 1、低温罐 3-1，经电动阀 9 供给二级网环路；电锅炉蓄热环路，包括低温罐 3-1 和高温罐3-2 回路。低温回路由锅炉给水泵 5、电锅炉 2、电动阀 10、低温罐 3-1、电动阀 8 组成；高温回路和电锅炉反补一级网热能环路合并，经由电动阀 7、锅炉给水泵 5、电锅炉 2、高温罐 3-2、电动阀 12 等组成。能源站优先由空气源热泵独立供热，当弃风（光）电富裕时，同时开启锅炉给水泵、电锅炉进行蓄热并向一级网供热。当气象条件限制时，由混水泵组 4供热，整个运行服从区域能源系统的热电一体化调度。

　　图4-10为中深层地热井、热泵、换热器组合的双向能源站系统，该系统包含 4 个循环环路：深水井环路；能源站独立供二级网环路；一级网通过混水泵站供二级网环路；反补一级网热能环路。深水井环路由抽水井 9、抽水泵 8、换热器 7、地源热泵蒸发器侧以及回灌井 10 组成；能源站独立供二级网环路由循环泵 6、换热器 7、水源热泵 1 冷凝器侧组成；

反补一级网热能环路由给水泵 5、电锅炉 2、蓄热罐 3、电动阀 11 等组成。地热井资源可贵，且与气象条件无关，所以在回灌前应由水源热泵继续降温到 10℃ 左右。电锅炉运行工况同样决定于可再生能源的即时量；而地热环路供热和混水泵组供热的选择则要优先一级网可再生能源的使用，服从整个供热系统的热电一体化调度。

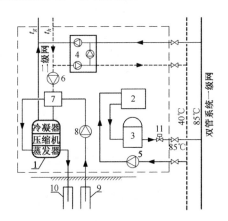

图 4-9　空气源热泵、电锅炉、高低温蓄热罐双向能源站系统

1—空气源热泵；2—电锅炉；3—蓄热罐；4—混水泵组；5—锅炉给水泵；

6—太阳能供热循环泵；7~12—电动阀。

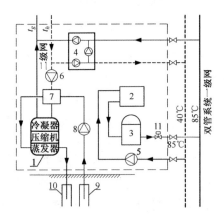

图 4-10　中深层地热井、热泵、换热器组合的双向能源站系统

1—水源热泵；2—电锅炉；3—蓄热罐；4—混水泵组；5—锅炉给水泵；

6—能源站独立供热循环泵；7—换热器；8—抽水泵；9—抽水井；10—回灌井；11—电动阀。

4.3.3　布置在三管系统的双向能源站

图 4-11 为布置在三管系统中的电锅炉、蓄热管等组合的双向能源站系统，该系统由电锅炉、蓄热罐、混水泵组等组成，有 4 个循环环路：一级网高、中温管道通过混水泵站供给老式上供下回单管顺流式供热系统环路；由能源站独立供热循环泵 6、蓄热罐 3、电动阀 7 等独立供二级网环路；由锅炉给水泵 5、电锅炉 2、电动阀 9、蓄热罐 3、电动阀 8 等组成的蓄热环路；由电动阀 10、锅炉给水泵 5、电锅炉 2、电动阀 11 等反补高温网环路。电锅炉把中温管道的热水加热到 85℃供给高温管道。

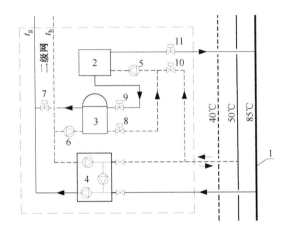

图 4-11　电锅炉、蓄热管等组合的双向能源站系统

1—三管系统一级网；2—电锅炉；3—蓄热罐；4—混水泵组；5—锅炉给水泵；
6—能源站独立供热循环泵；7~11—电动阀。

图 4-12 为布置在三管系统中的太阳能、电锅炉、蓄热罐等组合的双向能源站系统图，该系统由太阳能集热器 1、电锅炉 2、蓄热罐 3、混水泵组 4 等组成，也有 4 个循环环路：一级网高、中温管道通过混水泵站供给老式上供下回单管顺流式系统的环路；由能源站独立供热循环泵 6、

蓄热罐 3、电动阀 8 等构成的供二级网环路；由蓄热罐 3、蓄热泵 7、太阳能集热器 1、电锅炉 2、电动阀 9～12 等组成的蓄热环路；由给水泵 5、太阳能集热器 1、电锅炉 2、电动阀 10～13 等组成的反补中温网环路。

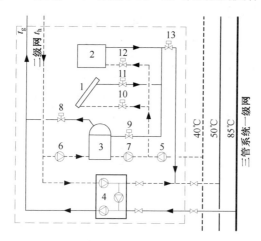

图 4-12 太阳能、电锅炉、蓄热罐等组合的双向能源站系统

1—太阳能集热器；2—电锅炉；3—蓄热罐；4—混水泵组；5—给水泵；
6—能源站独立供热循环泵；7—蓄热泵；8～13—电动阀。

图 4-13 为布置在三管系统中的高、低温管道上的空气源泵、蓄热罐等组合的双向能源站系统。混水泵组供回水管分别与一级网的高、低温管道连接，主要供 50/40℃散热器供热用户或 45/35℃低温辐射供热用户使用，低温管道温度控制在 35～40℃之间，具体数值由各种回水占比确定。能源站有 3 个环路：混水泵组供二级网环路；热泵独立供二级网环路，由能源站独立供热循环泵 5、电动阀 7、空气源热泵 1、蓄热罐 2、电动阀 8 组成；反补中温网环路，由空气源热泵给水泵 4、电动阀 6、空气源热泵 1、蓄热罐 2、电动阀 9 等组成。能源站将一级网低温水加热到 50℃补给一级网中温管道。空气源热泵既可独立向二次网供热，又能同时向一级网补热，还能与混水泵组共同向二级网供热。

图 4-14 为布置在三管系统中低温管道上的空气源热泵、蓄热罐等组

合的双向能源站系统。二级网接在一级网的中、低温管道上，若采用混水泵直连方式，可供低温辐射供热系统。若二级网用户为散热器用户，那么二级网和一级网的中、低温管道可以简单地直连。当气象条件适宜时，太阳能作为基本热源，必要时空气源热泵辅助独立向二级网供热。空气源热泵在风电高发时，也可向一级网中温管道补热。

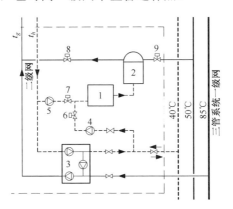

图 4-13　空气源热泵、蓄热罐等组合的双向能源站系统

1—空气源热泵；2—蓄热罐；3—混水泵组；4—空气源热泵给水泵；

5—能源站独立供热循环泵；6～9—电动阀。

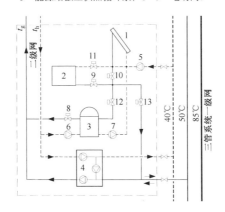

图 4-14　空气源热泵、蓄热罐等组合的双向能源站系统

1—太阳能集热器；2—空气源热泵；3—蓄热罐；4—混水泵组；

5—空气源热泵给水泵；6—能源站独立供热循环泵；

7—蓄热泵；8～13—电动阀。

第 5 章

既有供热系统建设能源站设备的优化方法

　　目前，低品位工业余热，如钢厂冷渣水、矿井废水、污水厂污水、酒厂循环水等，以及空气能总体利用率仍较低。与此同时，为减小用电负荷峰谷差、降低电网调峰压力，许多地区结合自身状况制定了相应的分时电价政策。为此在谷电期间利用电驱动热泵就可以较经济地利用这些不受气象条件影响的低品位能源。又因为谷电期间通常弃风严重，所以利用电动热泵供热既消纳了风电同时还增加了清洁供热比例。本章拟以既有区域供热系统为对象，研究新建利用谷电驱动热泵回收工业余热的能源站，以整个供热系统的供热季综合收益最大为目标，得到能源站设备的最优配置，还对遗传算法和模式搜索的计算效能进行了对比分析，并讨论了外部计算条件变化对能源站设备最优配置的影响。

5.1　新建能源站系统配置

　　如第 4 章所述，供热系统可以利用当地能源资源条件，建设各种各样的低碳甚至零碳排放的清洁能源站。本章拟以既有供热系统的输送干线新建一座回收与气象条件无关的工业余热的能源站为例展开讨论，如图 5-1 所示。既有供热系统的热源包括热电联产机组、燃煤调峰锅炉房、燃气调峰锅炉房等。热源一级网供回水温度为 130/70℃，供热系统的热用户为二级热力站。新建能源站之所以建在一级网输送干线上，是为了定量反映热泵一个供热季的运行时数与所连接管道的温度有关。能源站除了电热泵，为防止热泵蒸发器遭受热媒介质的腐蚀、堵塞、磨损，还设置了余热回收换热器、过滤器等配套设施（以下简称"余热回收装置"）；为降低工业余热随生产工艺的变化对供热系统的影响，能源站设置了包括蓄热罐在内的蓄放热系统。在既有供热系统接入能源站以后的供热系统简称为"清洁供热系统"。

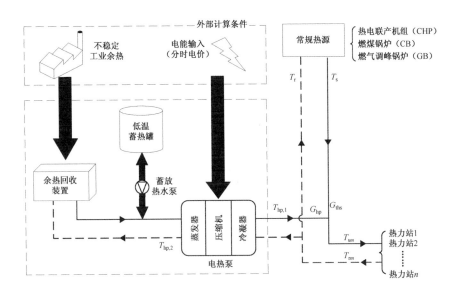

图 5-1　清洁供热系统

5.2　清洁供热系统的运行优化

清洁供热系统运行优化的目的是优化能源站配置设备的容量，使系统在整个供热周期内的总能耗费用最小，并基于此制定整个供热系统各机组的运行时间表。

5.2.1　运行优化的目标函数

清洁供热系统如图 5-1 所示，运行优化的目标函数如下：

$$\min \mathrm{OC} = \Delta \tau \cdot \sum_{t=1}^{N} \begin{bmatrix} Q_{\mathrm{chp}}(t) \cdot C_{\mathrm{chp}} + Q_{\mathrm{cb}}(t) \cdot C_{\mathrm{cb}} + \\ Q_{\mathrm{gb}}(t) \cdot C_{\mathrm{gb}} + Q_{\mathrm{hp}}(t) \cdot C_{\mathrm{hp}}(t) \end{bmatrix} \qquad (5\text{-}1)$$

式中　OC　　——　清洁供热系统一个供热季的总能耗费用（元）；

　　　　N　　——　清洁供热系统一个供热季的运行时数（h）；

　　　　$Q_{chp}(t)$——　热电联产机组的供热量（MW）；

　　　　$Q_{cb}(t)$——　燃煤锅炉的供热量（MW）；

　　　　$Q_{gb}(t)$——　燃气调峰锅炉的供热量（MW）；

　　　　$Q_{hp}(t)$——　热泵的供热量（MW）；

　　　　C_{chp}　——　热电联产机组每兆瓦时供热量的能耗费（元·MW^{-1}·h^{-1}）；

　　　　C_{cb}　——　燃煤锅炉每兆瓦时供热量的能耗费（元·MW^{-1}·h^{-1}）；

　　　　C_{gb}　——　燃气调峰锅炉每兆瓦时供热量的能耗费（元·MW^{-1}·h^{-1}）；

　　　　$C_{hp}(t)$——　热泵每兆瓦时供热量的能耗费（元·MW^{-1}·h^{-1}）；

　　　　$\Delta\tau$　——　优化调度周期（h）；

上述包含(t)的符号代表与时刻 t 有关的参变量（下同）。

式（5-1）中的 $Q_{hp}(t)$ 和 $C_{hp}(t)$ 可由式（5-2）计算得到。

$$\begin{cases} Q_{hp}(t) = COP_{hp} \cdot E_{hp}(t) \\ C_{hp}(t) = \dfrac{EP(t)}{COP_{hp}} \end{cases} \tag{5-2}$$

式中　EP(t)　——　区域电网的电价（元·MW^{-1}·h^{-1}）；

　　　　$E_{hp}(t)$　——　热泵的电功率（MW）；

　　　　COP_{hp}　——　热泵的供热系数；

其他符号意义同前。

热泵供热系数 COP_{hp} 可由式（5-3）计算得到。

$$\begin{cases} \mathrm{COP_{hp}} = \dfrac{T_{hp,co} + 273}{(T_{hp,co} + 273) - (T_{hp,va} + 273)} \cdot \eta_{hp} \\ T_{hp,co} = T_{hp,1} + \omega \\ T_{hp,va} = T_{hp,2} - \omega \end{cases} \tag{5-3}$$

式中　$T_{hp,1}$ —— 热泵的供水温度（℃）；

$\quad\quad T_{hp,2}$ —— 热泵低温热源热媒水流出蒸发器的温度（℃）；

$\quad\quad T_{hp,co}$ —— 热泵的冷凝温度（℃）；

$\quad\quad T_{hp,va}$ —— 热泵的蒸发温度（℃）；

$\quad\quad \eta_{hp}$ —— 热泵的综合机械效率；

$\quad\quad \omega$ —— 换热温差（℃）；

其他符号意义同前。

5.2.2　运行优化的约束条件

运行优化的约束条件首先是系统约束条件，包括：热源逐时供热量应等于逐时热负荷；热泵逐时回收的余热量应等于逐时余热回收装置换热器换热量加上蓄热罐的放热量；逐时换热器换热量不大于逐时可回收工业余热量；热力站一级网的供水温度应不低于规定的温度 T_{sm}，即要控制热泵和热源在混水节点的混水量。系统约束可表示为

$$\begin{cases} Q_{chp}(t) + Q_{cb}(t) + Q_{gb}(t) + \mathrm{COP_{hp}} \cdot E_{hp}(t) = \mathrm{HL}(t) \\ Q_{hrb}(t) + S(t) = (\mathrm{COP_{hp}} - 1) \cdot E_{hp}(t) \\ Q_{hrb}(t) \leqslant \mathrm{AWH}(t) \\ G_{hp}(t) \cdot T_{hp,1} + G_{ths}(t) \cdot T_s(t) \leqslant \left[G_{hp}(t) + G_{ths}(t) \right] \cdot T_{sm}(t) \end{cases} \tag{5-4}$$

式中　HL(t)　——　清洁供热系统用户热负荷（MW）；

　　　$Q_{hrb}(t)$　——　余热换热器的供热量（MW）；

　　　$S(t)$　——　蓄热罐的蓄热功率（MW），当 $S(t) > 0$ 时，蓄热罐放热；反之则蓄热；

　　　AWH(t)　——　可回收的工业余热（MW）；

　　　$G_{hp}(t)$　——　能源站热泵的循环流量（t/h）；

　　　$G_{ths}(t)$　——　混水节点一级网输送干线的流量（t/h）；

　　　$T_{sm}(t)$　——　热力站一级网的供水温度（℃）；

　　　$T_s(t)$　——　热源的供水温度（℃）；

其他符号意义同前。

$G_{hp}(t)$ 和 $G_{ths}(t)$ 可由式（5-5）计算得到：

$$\begin{cases} G_{hp}(t) = \dfrac{Q_{hp}(t)}{T_{hp,1} - T_r(t)} \cdot \dfrac{1}{\rho c_p} \\ G_{ths}(t) = \dfrac{Q_{chp}(t) + Q_{cb}(t) + Q_{gb}(t)}{T_s(t) - T_r(t)} \cdot \dfrac{1}{\rho c_p} \end{cases} \quad (5\text{-}5)$$

式中　$T_r(t)$　——　热源回水温度（℃），又是热泵回水温度，也是热力站回水温度 $T_{rm}(t)$；

其他符号意义同前。

除系统约束外，清洁供热系统优化运行的约束条件还有单元约束，单元约束是指对热源所有生产热能设备的约束。在整个调度周期内，各物理量都必须满足式（5-6）。

$$
\begin{cases}
0 \leqslant Q_{\text{chp}}(t) \leqslant \text{IC}_{\text{chp}} \\
Q_{\text{cb,min}} \leqslant Q_{\text{cb}}(t) \leqslant \text{IC}_{\text{cb}} \\
0 \leqslant Q_{\text{gb}}(t) \leqslant \text{IC}_{\text{gb}} \\
0 \leqslant E_{\text{hp}}(t) \leqslant \text{IC}_{\text{hp}} \\
0 \leqslant Q_{\text{hrb}}(t) \leqslant \text{IC}_{\text{hrb}} \\
0 \leqslant \text{TS}(t) \leqslant \text{CAP}_{\text{dsa}} \\
-S_{\text{max}} \leqslant S(t) \leqslant S_{\text{max}}
\end{cases}
\tag{5-6}
$$

式中　IC_{chp}　——　热电联产机组的最大供热功率（MW）；

　　　　IC_{cb}　——　燃煤锅炉的额定供热量（MW）；

　　　　$Q_{\text{cb,min}}$　——　燃煤锅炉的最小供热量（MW）；

　　　　IC_{gb}　——　燃气调峰锅炉的额定供热量（MW）；

　　　　IC_{hp}　——　热泵的装机容量（MW）；

　　　　IC_{hrb}　——　余热回收装置额定供热功率（MW）；

　　　　$\text{TS}(t)$　——　蓄热罐的蓄热量（MW·h）；

　　　　CAP_{dsa}　——　蓄热罐的热容量（MW·h）；

　　　　S_{max}　——　蓄放热水泵最大流量对应的蓄放热能力（MW）；

其他符号意义同前。

在已知蓄热罐的有效容量 V_{dsa} 和水泵的额定流量 G_{p} 的条件下，CAP_{dsa} 和 S_{max} 可以由式（5-7）计算得到，即

$$
\begin{cases}
\text{CAP}_{\text{dsa}} = k_1 \rho c_{\text{p}} \Delta T \cdot V_{\text{dsa}} \\
S_{\text{max}} = k_2 c_{\text{p}} \Delta T \cdot G_{\text{p}}
\end{cases}
\tag{5-7}
$$

式中　　$k_1,\ k_2$　——　单位换算系数；

ΔT —— 蓄热温差（℃）；

G_p —— 水泵的额定流量（t/h）；

V_{dsa} —— 蓄热罐的有效容量（m³）；

其他符号意义同前。

如果忽略蓄热罐的散热损失，则有：

$$\mathrm{TS}(t) = \mathrm{CAP}_{dsao} - \Delta\tau \cdot \sum_{k=1}^{t} S(k) \qquad (5\text{-}8)$$

式中 CAP_{dsao} —— 蓄热罐初始的蓄热量（MW·h）。

5.2.3 决策变量

表 5-1 是供热系统能源站系统运行优化调度的决策变量。

表 5-1 决策变量

机组位置	热　　源	能源站
决策变量	$Q_{chp}(t)$、$Q_{cb}(t)$、$Q_{gb}(t)$	$E_{hp}(t)$

5.3 能源站设备容量优化

5.3.1 设备容量优化目标函数

一个供热季清洁供热系统的总能耗费用因工业余热的利用而降低，但是这却增加了能源站的初投资。能源站配置设备容量的优化属于工程经济技术问题，适宜采用增量比较法进行分析[35]，优化配置的目标函数如式（5-9）所示。

$$\max \text{ACI} = (\text{OC}_{\text{ref}} - \text{OC}_{\text{new}}) - \frac{i(1+i)^n}{(1+i)^n - 1} \cdot$$
$$\left\{ K_{\text{hp}} \cdot \text{IC}_{\text{hp}} + K_{\text{hrb}} \cdot \text{IC}_{\text{hrb}} + K_{\text{dsa}} \cdot V_{\text{dsa}} + K_{\text{pp}} \cdot G_{\text{p}} \right\} \tag{5-9}$$

式中　ACI　——　清洁供热系统一个供热季的净收益（元）；

$\quad$ OC_{ref}　——　既有供热系统一个供热季的总能耗费（元）；

$\quad$ OC_{new}　——　清洁供热系统一个供热季的总能耗费（元）；

$\quad$ K_{hp}　——　热泵单位装机容量的初投资（元/MW）；

$\quad$ K_{hrb}　——　回收余热装置单位供热功率的初投资（元/MW）；

$\quad$ K_{dsa}　——　蓄热罐单位有效容积的初投资（元/m³）；

$\quad$ K_{pp}　——　水泵单位额定流量的初投资（元/t·h⁻¹）；

$\quad$ i　——　社会折现率；

$\quad$ n　——　设备的使用寿命；

其他符号意义同前。

在确定的系统配置条件下，供热季的总能耗费由系统的优化调度模型计算得到，即

$$\begin{cases} \text{OC}_{\text{ref}} = F_1(\Omega_{\text{ref}}) \\ \text{OC}_{\text{new}} = F_1(\Omega_{\text{ref}}, \Omega_{\text{new}}) \\ \Omega_{\text{new}} = \left\{ \text{IC}_{\text{hp}}, \text{IC}_{\text{hrb}}, V_{\text{dsa}}, G_{\text{p}} \right\} \end{cases} \tag{5-10}$$

式中　Ω_{ref}　——　既有供热系统热源配置；

$\quad$ Ω_{new}　——　清洁供热系统能源站设备配置；

$\quad$ $F_1(*)$　——　清洁供热系统优化运行调度函数；

其他符号意义同前。

整合式（5-9）和式（5-10），可得式（5-11）。式（5-11）为能源站设备容量优化配置的目标函数。

$$\max \text{ACI} = \left[F_1(\Omega_{\text{ref}}) - F_1(\Omega_{\text{ref}}, \text{IC}_{\text{hp}}, \text{IC}_{\text{hrb}}, V_{\text{dsa}}, G_{\text{p}}) \right] - $$
$$\frac{i(1+i)^n}{(1+i)^n - 1} \cdot \left\{ K_{\text{hp}} \cdot \text{IC}_{\text{hp}} + K_{\text{hrb}} \cdot \text{IC}_{\text{hrb}} + K_{\text{dsa}} \cdot V_{\text{dsa}} + K_{\text{pp}} \cdot G_{\text{p}} \right\} \quad (5\text{-}11)$$

从式（5-11）可以看到，能源站项目的供热季净收益仅取决于能源站设备容量的组合状况 Ω_{new}。

5.3.2　设备容量优化的约束条件

能源站设备容量的约束条件如式（5-12）所示。

$$\begin{cases} 0 \leqslant \text{IC}_{\text{hp}} \leqslant \text{UB}_{\text{hp}} \\ 0 \leqslant \text{IC}_{\text{hrb}} \leqslant \text{UB}_{\text{hrb}} \\ 0 \leqslant V_{\text{dsa}} \leqslant \text{UB}_{\text{dsa}} \\ 0 \leqslant G_{\text{p}} \leqslant \text{UB}_{\text{pp}} \end{cases} \quad (5\text{-}12)$$

式中　UB_{hp}　——热泵装机容量的搜索上界（MW）；

UB_{hrb}　——余热回收装置供热功率的搜索上界（MW）；

UB_{dsa}　——蓄热罐最大有效容积的搜索上界（m³）；

UB_{pp}　——水泵流量的搜索上界（t/h）；

其他符号意义同前。

5.3.3　设备容量优化的计算流程

图 5-2 是以清洁供热系统在整个寿命周期内供热季净收益最大为目标的能源站设备容量优化计算流程。优化计算流程由内、外两层优化嵌套组成。内层优化基于既有供热系统的设备容量及其单位初投资、等额回收系数等，以及供热系统的逐时热负荷，区域电网的峰、平、谷电价和可回收的工业余热等综合计算条件，得到清洁供热系统供热季的净收益。外层进行能源站设备容量的寻优，在寻优过程中反复调用内层优化结果，直到寿命周期内的每一个供热季供热系统的净收益最大时为止。

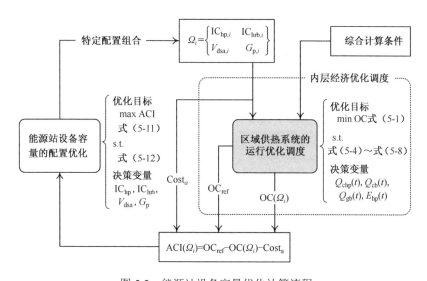

图 5-2　能源站设备容量优化计算流程

5.4　能源站设备容量优化案例及讨论

在某区域供热系统的输送干线上，拟新建一座能源站，该能源站设备类型及综合计算条件等已经确定。本节将对能源站设备容量进行寻优，并对比分析清洁供热系统和既有供热系统热源各机组的逐时供热功率、逐时供电功率及系统总能耗。

5.4.1 综合计算条件

1. 供热负荷及工业余热

图 5-3（a）为供热系统整个供热季的日内热负荷曲线 HL(t)和热负荷延续时间曲线。日内热负荷曲线的横坐标时间 0h 时供热开始；2160h 时处于严寒期，日内热负荷出现了最大值；4320h 时供热结束。热负荷延续时间曲线的横坐标表示小于或等于某一室外温度的延续时间，0～4320h 表示整个供热期热负荷的延续时间。其中，0～120h 表示严寒期的实际气温小于或等于供热室外计算温度的小时数，为不保证天数，设计热负荷最大为 695 MW；4320h 表示室外气温小于或等于 5℃的延续时间，热负荷最小为 105 MW。

图 5-3（b）为连续 3 天逐时可回收的工业余热变化曲线，工业余热的变化规律取决于生产工艺。

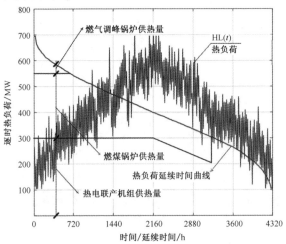

（a）0～4320h 供热系统的热负荷曲线和热负荷延续时间曲线

图 5-3　热负荷曲线、热负荷延续时间曲线及可回收工业余热示意图

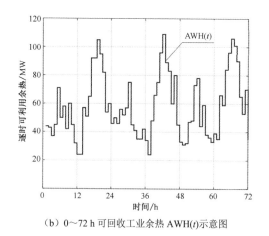

（b）0～72 h 可回收工业余热 AWH(t) 示意图

图 5-3　热负荷曲线、热负荷延续时间曲线及可回收工业余热示意图（续）

2. 热源单位供热量的能耗费

热源及其单位供热量的能耗费和调度优先级如表 5-2（标准煤的市场价按 700 元/t 计）所示。由表 5-2 可知，各机组的能耗费有很大差异；在以经济性最优为目标的优化调度中，优先启动费用低的热源并持续运行。

表 5-2　热源及其单位供热量的能耗费和调度优先级

供热机组	燃气调峰锅炉	燃煤锅炉	热电联产机组
热功率调节范围/MW	0～150	100～250	0～300
单位供热量能耗费/（元·MW^{-1}·h^{-1}）	324	108	54
优先级	低	中	高

3. 能源站设备经济指标和技术参数

能源站相关经济指标和技术参数取值如表 5-3 所示[36-37]，表中假设热泵的 $T_{hp,1}$ 和 $T_{hp,2}$ 在供热季恒定不变。

表 5-3　经济指标和技术参数

经济指标	量值	单位	技术参数	量值	单位
K_{pp}	1.05×10^4	元/（t·h^{-1}）	$T_{hp,2}$	15	℃
K_{dsa}	0.28×10^4	元/m³	$T_{hp,1}$	85	℃

续表

经济指标	量值	单位	技术参数	量值	单位
K_{hrb}	10×10^4	元/MW	T_s	130	℃
K_{hp}	200×10^4	元/MW	ω	5	℃
n	20	年	η_{hp}	82.5	%
i	8	%	COP_{hp}	4	

4. 分时电价和电热泵能耗费

电网的日内分时电价及按式（5-2）得到的电动热泵各用电时段单位供热量的能耗费等如表 5-4 所示。对比表 5-2 各供热设备的能耗费可知，谷价电时段热泵的能耗费低于热电联产机组的能耗费，所以其调度优先级为"高"；而其他用电时段的能耗费介于燃煤锅炉与热电联产机组之间，所以调度优先级为"次高"。

表 5-4　热泵单位供热量的能耗费及日内分时电价

峰、平、谷电时段划分	0:00—5:00	6:00—8:00　22:00—24:00	9:00—21:00
电价/（元·MW^{-1}·h^{-1}）	100	300	400
热泵能耗费/（元·MW^{-1}·h^{-1}）	25	75	100
优先级	高	次高	次高

5. 外层搜索范围的设定

表 5-5 设定了能源站外层进行优化计算时，决策变量的搜索上界。

表 5-5　外层搜索上界

决策变量	G_p	V_{dsa}	IC_{hp}	IC_{hrb}
搜索上界	3000 t/h	15000 m^3	80 MW	120 MW

5.4.2　遗传算法和模式搜索及其最优解

遗传算法可以有效求解高度非线性及决策变量较多的目标函数的优化问题[38-39]。模式搜索非常适宜对一些复杂黑箱问题进行优化计算[40]，不需要任何关于目标函数梯度的信息。图 5-4 是遗传算法和模式搜索流程。

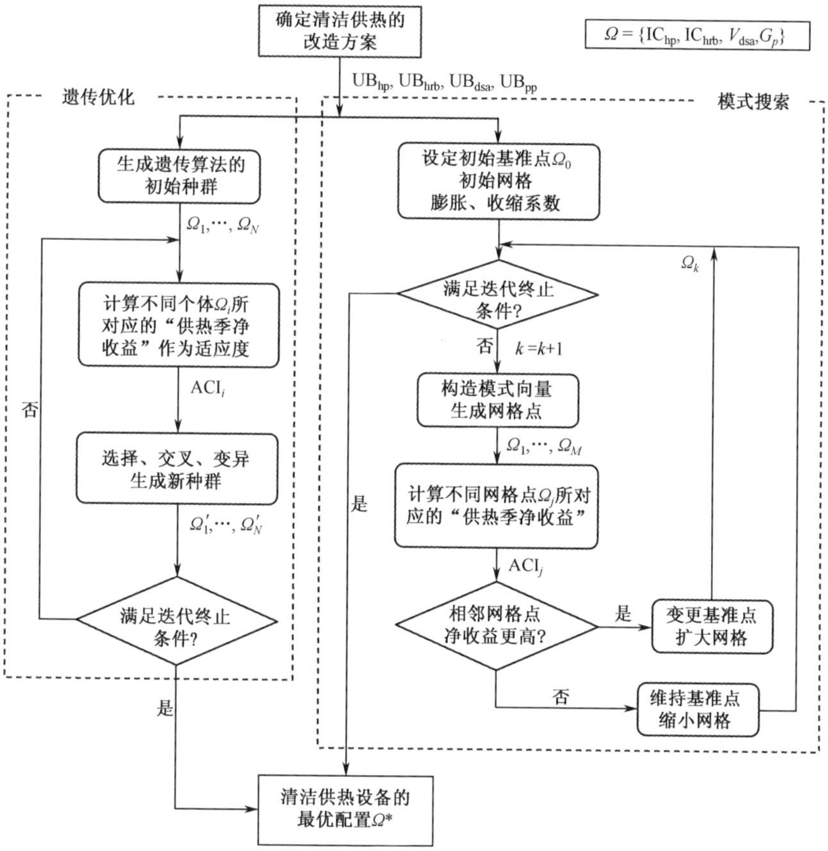

图 5-4　遗传算法和模式搜索流程

通过调用 MATLAB 模式搜索和遗传算法优化工具，经多次独立计算得出能源站各设备的最优装机容量，如表 5-6 和表 5-7 所示。

表 5-6　模式搜索算法的最优装机容量

初始点位置	10% UB	30% UB	50% UB	70% UB	90% UB
G_p^* /（t·h^{-1}）	1275.7	1275.7	1275.7	1275.7	1275.7
V_{dsa}^* /m³	8100	8100	8100	8100	8100
IC_{hrb}^* /MW	90.4	90.4	90.4	90.4	90.4

初始点位置	10% UB	30% UB	50% UB	70% UB	90% UB
IC_{hp}^* /MW	32	32	32	32	32
ACI/万元	692.4	692.4	692.4	692.4	692.4
迭代次数/次	58	54	52	55	57
计算次数/次	1	2	3	4	5

表 5-7　遗传算法的最优装机容量

计算次数/次	1	2	3	4	5	标准差	变异系数
G_p^* / (t·h^{-1})	1315.7	1297.1	1258.6	1259.5	1134.5	70.7	5.60%
V_{dsa}^* /m^3	8170	8087.1	8231.4	8187.6	8320.6	85.63	1.00%
IC_{hrb}^* /MW	92.3	95.8	89.3	90	87.9	3.09	3.40%
IC_{hp}^* /MW	34.9	33	31.9	31.6	32.7	1.29	3.90%
ACI/万元	692.1	692	692.1	691.9	691.8	—	—
迭代次数/次	135	147	195	175	153	—	—

比较表 5-6 和表 5-7 的优化计算结果可以看到：

（1）模式搜索的迭代次数仅仅是遗传算法的 35%左右。

（2）模式搜索的计算结果收敛得更好，因此表 5-6 是能源站设备装机容量的最优解。

（3）本优化问题求解时，模式搜索对初始点的位置不敏感，在收敛迭代次数相近的情况下，都能最终收敛到同一点，而遗传算法的稳定性则表现得较差，且易陷入局部最优。

5.4.3　热源各机组运行工况的对比分析

热源各机组运行工况的对比分析是指既有供热系统和清洁供热系统热源各机组逐时供热功率延续时间的对比分析，如图 5-5 和图 5-6 所示。可以看到，燃煤锅炉满负荷功率的总时间从图 5-5 的 669h 减少到图 5-6 的 145h；总开机时间从图 5-5 的 3037h 减小到图 5-6 的 2071h。燃气调峰锅炉从图 5-5 的总运行时长约 800h、最大功率约 140MW，减少到图 5-6

的总运行时长约 360h、最大功率 95MW。而热电联产机组的满负荷运行时间变化不大，初末寒期供热量有所减少。这些变化是热泵回收工业余热的结果。

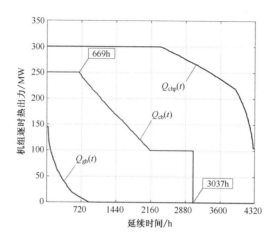

图 5-5　既有供热系统热源各机组供热功率延续时间曲线

从图 5-6 可见，热泵满负荷为 128MW，运行时间长达 1100h，累计运行达到 3378h。这些参数之所以在严寒期会明显减小，是因为严寒期热网要求的供水温度高，限制了热泵的混水量。

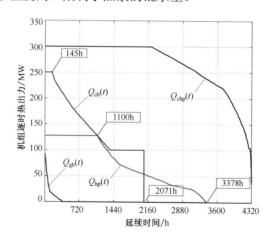

图 5-6　清洁供热系统热源各机组供热功率延续时间曲线

由此可见，如果未来供热一级网供回水温度降低为 85/40℃，则在整个供热季（累计时间 4320h）都不需要限制热泵回收工业余热的供热量，一直可以满负荷（128MW）运行，节能量相当可观。

表 5-8 对比了清洁供热系统和既有供热系统热源各机组整个供热季的供热量和能耗费。可以看到，清洁供热系统总供热量及其能耗费显著降低的机组依次为燃气调峰锅炉、燃煤锅炉。既有供热系统的总能耗费为 12093.2 元，清洁供热系统总能耗费为 10292.5 元，所有机组总的能耗费降幅达 14.89%。

表 5-8　热源机组的供热量与能耗费

供热机组		电动热泵	燃气调峰锅炉	燃煤锅炉	热电联产机组
既有供热系统	总供热量/（GW·h）	—	35.4	510.8	1184.9
	能耗费/万元	—	1177.8	5517	5398.4
清洁供热系统	总供热量/（GW·h）	259.1	7.8	309.1	1155.1
	能耗费/万元	1459	252.3	3338.4	5242.8

能源站在供热季各阶段 72h 的逐时供热量如图 5-7 所示。

由图 5-7（a）、（c）、（e）可知，供热初期 72h 内，蓄热罐的蓄热量一天中大约有 14h 保持最大值不变，只有大约 6h 在参与蓄放热。而供热中期蓄热罐频繁地参与蓄放热，蓄热量也在不停变化；但是在严寒期，为保证热力站支线温度满足热用户要求，所以限制了热泵的供热量，总蓄热量基本维持在最大值附近。

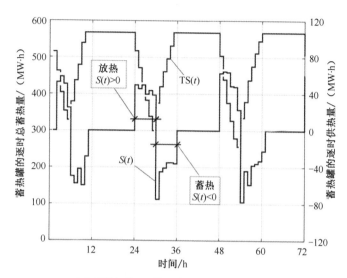

（a）供热初期 72h 的逐时总蓄热量和逐时供热量

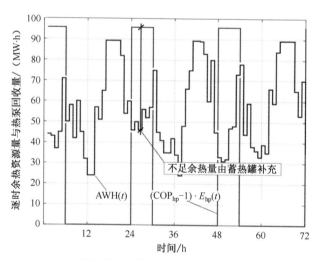

（b）供热初期 72h 的逐时余热资源量与热泵回收量

图 5-7　供热季不同时期能源站的运行工况

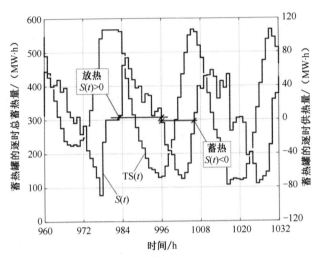

（c）供热中期72h的逐时总蓄热量和供热量

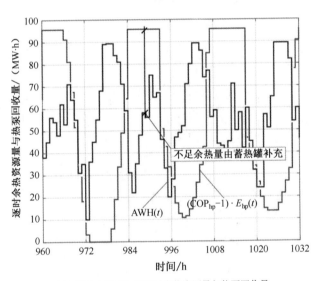

（d）供热中期72h的逐时余热资源量与热泵回收量

图5-7　供热季不同时期能源站的运行工况（续）

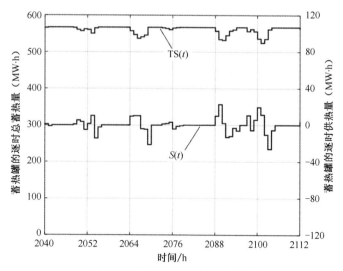

（e）严寒期 72h 的逐时总蓄热量和供热量

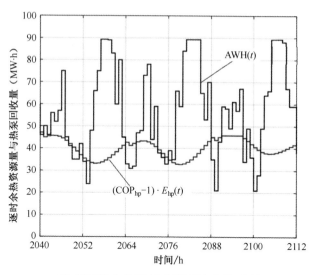

（f）严寒期 72h 的逐时余热资源量与热泵回收量

图 5-7　供热季不同时期能源站的运行工况（续）

由图 5-7（b）、（d）、（f）可知，供热初期、供热中期，有时工业余热量不足以满足热泵的回收能力，即 $(COP_{hp}-1)\cdot E_{hp}(t)>AWH(t)$，此时蓄热罐放热以补充短缺部分,但是严寒期余热资源却不能被全部利用。这是因为严寒期热电厂供水温度达到设计温度130℃,而热泵供水温度最高为85℃,两者混合后,水温无法满足热力站用热量要求,所以不允许蓄热罐启动。这再次证明,降低供热系统的设计供回水温度对于余热利用具有非常重要的意义。

5.4.4 分时电价和余热量的影响

为了定量分析低谷电价和可回收余热量对能源站设备容量及清洁供热系统供热季净收益的影响,表 5-9 设置了 5 种低谷电价和 5 种工业余热量,分别进行计算,结果如图 5-8 和图 5-9 所示。

表 5-9 低谷电价和可回收余热量

低谷电价/($元 \cdot MW^{-1}$)					可回收余热量/($MW \cdot h$)				
P1	P2	P3	P4	P5	R1	R2	R3	R4	R5
100	150	200	250	300	$AWH(t)$	$0.8AWH(t)$	$0.5AWH(t)$	$0.4AWH(t)$	$0.2AWH(t)$

从图 5-8(a)可知,低谷电价从 100 元/($MW \cdot h$)增加到 150 元/($MW \cdot h$)时,能源站各设备最优容量没有变化。但是低谷电价继续增大到大于或等于 200 元/($MW \cdot h$)时,最优容量进入并稳定到新的水平,$G_p^* = 1098.6t/h$、$V_{dsa}^* = 7728.6m^3$、$IC_{hrb}^* = 76.9MW$、$IC_{hp}^* = 31MW$。

从图 5-8(b)可知,最优设备容量受余热量减小的影响较大。其中,余热回收装置容量 IC_{hrb} 成线性降低趋势;当余热量降至 40%后,热泵装机容量 IC_{hp}、蓄热罐容量 V_{dsa} 和蓄放热水泵流量 G_p 等缓慢降低;当余热量进一步降至 20%时,这些设备容量大幅减小。

从图 5-9 可知,清洁供热系统供热季净收益(ACI)随低谷电价的增加而线性下降,随余热量的减小成先缓后陡的下降趋势。

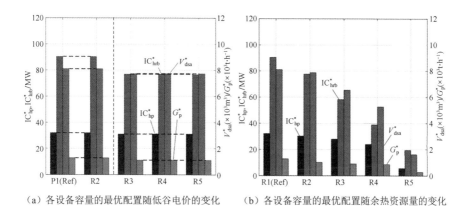

（a）各设备容量的最优配置随低谷电价的变化　（b）各设备容量的最优配置随余热资源量的变化

图 5-8　能源站最优设备容量随低谷电价和余热资源量的变化

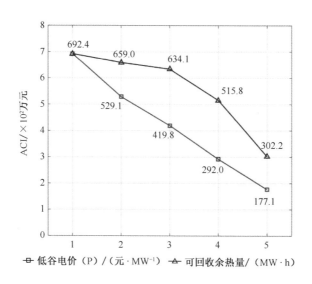

图 5-9　供热季净收益（ACI）随低谷电价（P）和余热量（R）的变化

第 6 章

既有能源系统配置低碳清洁热源的优化方法

　　为了实现城市多能互补低温区域供热系统的改造目标，第 4 章对城市供热系统热源做了总体安排。第5章以既有集中供热系统为研究对象，分析了在供热系统输送干线新建清洁能源站的设备容量优化问题。本章拟以区域能源系统为研究对象，在能源系统供给侧和用户侧的电负荷、热负荷及风电场风速变化规律等确定的条件下，研究热电厂配置低碳清洁热源，提升低碳清洁化供热比例的装机容量的优化问题，建立以整个能源系统供热季净收益最大为目标的优化模型，通过求解讨论最优清洁热源设备容量，以及随机风电对供给侧机组的逐时运行状况和弃风量的影响。

6.1　低碳清洁热源

　　我国北方城市既有区域能源系统的供给侧典型结构如图 6-1 所示，该系统由供热供电机组、输配网络和末端用户等组成[41]。区域能源系统的热源包括基本热源和集中调峰热源。

　　在既有区域能源系统配置电锅炉、电热泵、蓄热罐等设备，这些设备简称清洁热源，可以直接消耗多余的风电进行供热，是促进风电消纳、提高可再生能源供热比例，实现"低碳、零碳"供热的有效的方法。此外，还能减少抽汽冷凝式汽轮机的供热负荷，从而提升其发电量的调节范围，增加风电并网量，以增加清洁能源比例。同理，配置蓄热设备在提升热电机组运行灵活性方面亦有重要作用。

　　既有热电厂的 7 种低碳清洁热源配置方案如表 6-1 所示。

表6-1　7种低碳清洁热源配置方案

低碳清洁热源配置方案	1	2	3	4	5	6	7
电锅炉	是	—	—	是	是	—	是
电热泵	—	是	—	是	—	是	是
热水蓄热罐蓄放热水泵	—	—	是	—	是	是	是

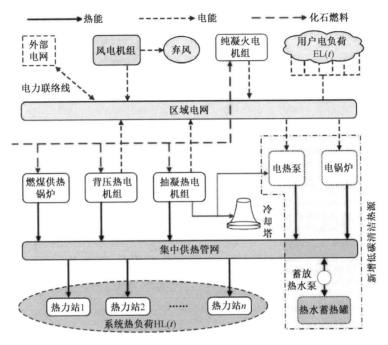

图 6-1　我国北方城市既有区域能源系统的供给侧典型结构

6.2　低碳清洁热源装机容量的优化模型

低碳清洁热源装机容量的配置和优化同样属于工程经济技术问题，也适宜用增量比较法[35]进行分析。

6.2.1　设备容量优化目标函数与约束条件

以经济性最优为目的的设备容量优化目标函数如式（6-1）所示。式（6-1）反映了整个区域能源系统供热季净收益最大化的条件是新增低碳清洁热源设备的初投资最小而配置低碳清洁热源的区域能源系统的节能效益最大化。对于表 6-1 中的第 7 种配置方案有下式关系：

$$\max ENP = \Delta TFC - Cost \tag{6-1}$$

式中　ENP ——配置低碳清洁热源后供热季的净收益（元）；

　　　ΔTFC ——配置低碳清洁热源后的节能效益（元）；

　　　Cost ——低碳清洁热源设备初投资在寿命周期内的年度分摊费用（元）。

Cost 的计算如下：

$$Cost = \frac{i(1+i)^n}{(1+i)^n-1} \cdot (K_{hp} \cdot IC_{hp} + K_{eb} \cdot IC_{eb} + K_{dsa} \cdot V_{dsa} + K_{pp} \cdot G_p) \tag{6-2}$$

式中　K_{eb} ——电锅炉的初投资（元/MW）；

　　　IC_{eb} ——电锅炉的额定热功率（MW）；

其他符号意义同前。

式（6-1）中的节能效益ΔTFC按式（6-3）进行计算：

$$\Delta TFC = TFC_{ref} - TFC_{new} \tag{6-3}$$

式中　TFC_{ref} ——既有区域能源系统一个供热季的能耗费（元）；

　　　TFC_{new} ——配置低碳清洁热源后，区域能源系统一个供热季的能耗费（元）。

区域能源系统各机组及设备确定后，一个供热季的总能耗费按式（6-4）进行计算：

$$\begin{cases} TFC_{ref} = F_2(\varphi_{ref}) \\ TFC_{new} = F_2(\varphi_{ref}, \varphi_{new}) \\ \varphi_{new} = \left\{ IC_{hp}, IC_{eb}, V_{dsa}, G_p \right\} \end{cases} \tag{6-4}$$

式中　φ_{ref}　——　既有区域能源系统机组的组合;

φ_{new}　——　低碳清洁热源设备的组合;

$F_2(*)$　——　区域能源系统优化运行函数;

其他符号意义同前。

将式(6-2)~式(6-4)代入式(6-1),新增低碳清洁热源各设备装机容量的经济性优化目标如下:

$$
\begin{aligned}
\max \text{ENP} = & \left[F_2(\phi_{\text{ref}}) - F_2(\phi_{\text{ref}}, \text{IC}_{\text{hp}}, \text{IC}_{\text{eb}}, V_{\text{dsa}}, G_{\text{p}}) \right] - \\
& \frac{i(1+i)^n}{(1+i)^n - 1} \cdot (K_{\text{hp}} \cdot \text{IC}_{\text{hp}} + K_{\text{eb}} \cdot \text{IC}_{\text{eb}} + K_{\text{dsa}} \cdot V_{\text{dsa}} + K_{\text{pp}} \cdot G_{\text{p}})
\end{aligned}
\tag{6-5}
$$

由式(6-5)可以看到,整个区域能源系统一个供热季的净收益取决于低碳清洁热源设备的配置及其容量。本章优化配置问题的决策变量为 φ_{new},第 7 种配置方案的约束条件如下:

$$
\begin{cases}
0 \leqslant \text{IC}_{\text{hp}} \leqslant \text{UB}_{\text{hp}} \\
0 \leqslant \text{IC}_{\text{eb}} \leqslant \text{UB}_{\text{eb}} \\
0 \leqslant V_{\text{dsa}} \leqslant \text{UB}_{\text{dsa}} \\
0 \leqslant G_{\text{p}} \leqslant \text{UB}_{\text{pp}}
\end{cases}
\tag{6-6}
$$

式中　UB_{eb}　——　电锅炉额定热功率的搜索上界(MW);

其他符号意义同前。

第 1~6 种配置方案,只要通过改变决策变量的搜索上界便可以实现,表 6-2 给出了各决策变量的搜索上界。

表6-2　7种低碳清洁热源的决策变量搜索上界

配置方案	1	2	3	4	5	6	7
搜索上界	$UB_{hp}=0$, $UB_{eb}>0$, $UB_{dsa}=0$ $UB_{pp}=0$	$UB_{hp}>0$, $UB_{eb}=0$, $UB_{dsa}=0$, $UB_{pp}=0$	$UB_{hp}=0$, $UB_{eb}=0$, $UB_{dsa}>0$, $UB_{pp}>0$	$UB_{hp}>0$, $UB_{eb}>0$, $UB_{dsa}=0$, $UB_{pp}=0$	$UB_{hp}=0$, $UB_{eb}>0$, $UB_{dsa}>0$, $UB_{pp}>0$	$UB_{hp}>0$, $UB_{eb}=0$, $UB_{dsa}>0$, $UB_{pp}>0$	$UB_{hp}>0$, $UB_{eb}>0$, $UB_{dsa}>0$, $UB_{pp}>0$

6.2.2　区域能源系统机组的能耗计算

汽轮机的热力循环和电热功率如图6-2所示。背压汽轮机 t 时刻的理论能耗按式（6-7）计算：

$$P_{bp}(t) = \frac{E_{bp}(t) + Q_{bp}(t)}{\eta_{bo}}$$
$$= \frac{E_{bp}(t)}{\eta_{bo}} \cdot \left(1 + \frac{1}{c_m}\right) \quad (6\text{-}7)$$

式中　$P_{bp}(t)$　——背压汽轮机发电和供热消耗的一次能耗（MW）；

$E_{bp}(t)$　——背压汽轮机的电功率（MW）；

$Q_{bp}(t)$　——背压汽轮机的热功率（MW）；

η_{bo}　——电厂蒸汽锅炉热效率；

c_m　——背压汽轮机的发电和供热功率之比，按式（6-8）计算：

$$c_m = \frac{E_{bp}(t)}{Q_{bp}(t)}$$
$$= \frac{\eta_{bp}}{1 - \eta_{bp}} \quad (6\text{-}8)$$

式中　η_{bp}　——　背压汽轮机发电效率。

上述包含(t)的符号代表与时刻 t 有关的参变量。

抽汽冷凝式热力循环可以看作是纯冷凝工况热力循环和背压热力循环的组合。由于抽汽冷凝式汽轮机进汽量在一定范围内可以在抽汽量和乏汽量之间进行调节，所以其热功率和电功率在四边形所包围的范围内可以调整。

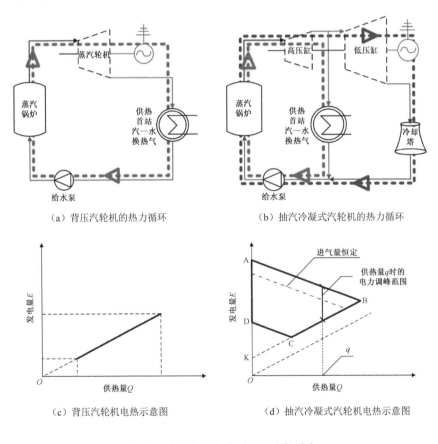

（a）背压汽轮机的热力循环　　　（b）抽汽冷凝式汽轮机的热力循环

（c）背压汽轮机电热示意图　　　（d）抽汽冷凝式汽轮机电热示意图

图 6-2　汽轮机的热力循环和电热功率

在图 6-2（d）中：A-B 表示汽轮机的最大进汽量，以及抽汽量变化时汽轮机的电热功率变化；A 点抽汽供热量为零，汽轮机以纯冷凝工况循环，B 点为最大抽汽供热工况。B-C 表示最大抽汽供热工况及不同总进汽量。C-D 表示汽轮机最小进汽量及抽汽量变化时汽轮机的电热功率变化。D-A 表示汽轮机进汽全部用来发电，即纯冷凝发电工况。

抽汽冷凝式汽轮机 t 时刻发电和供热消耗的一次能耗按式（6-9）计算：

$$P_{ec}(t) = \frac{E_{ec}(t) + c_v \cdot Q_{ec}(t)}{\eta_{co} \cdot \eta_{bo}} \quad (6-9)$$

式中 $P_{ec}(t)$ —— 抽汽冷凝式汽轮机发电和供热消耗的一次能耗（MW）；

$E_{ec}(t)$ —— 抽汽冷凝式汽轮机的电功率（MW）；

$Q_{ec}(t)$ —— 抽汽冷凝式汽轮机的热功率（MW）；

η_{co} —— 纯冷凝工况抽汽冷凝式汽轮机的发电效率；

c_v —— 抽汽冷凝式汽轮机的比发电损失，按式（6-10）计算：

$$c_v = \frac{\eta_{co} - \eta_{bp}}{1 - \eta_{bp}} \quad (6-10)$$

另外，抽汽冷凝式汽轮机排放乏汽的余热按式（6-11）计算：

$$Q_{ec,loss}(t) = [E_{ec}(t) - c_m \cdot Q_{ec}(t)] \cdot \frac{1 - \eta_{co}}{\eta_{co}} \quad (6-11)$$

式中 $Q_{ec,loss}(t)$ —— 抽汽冷凝式汽轮机排放乏汽的余热（MW）。

冷凝式汽轮机及燃煤锅炉供热消耗的一次能耗按式（6-12）计算：

$$\begin{cases} P_{cpp}(t) = \dfrac{E_{cpp}(t)}{\eta_{co} \cdot \eta_{bo}} \\ P_{cb}(t) = \dfrac{Q_{cb}(t)}{\eta_{cb}} \end{cases} \quad (6-12)$$

式中　$P_{cpp}(t)$　——　冷凝式汽轮机发电消耗的一次能耗（MW）；

　　　$E_{cpp}(t)$　——　冷凝式汽轮机的电功率（MW）；

　　　$P_{cb}(t)$　——　供热锅炉热功率消耗的一次能耗（MW）；

　　　$Q_{cb}(t)$　——　供热锅炉的热功率（MW）；

　　　η_{cb}　　——　供热锅炉热效率。

区域能源系统各机组的能流示意如图 6-3 所示。

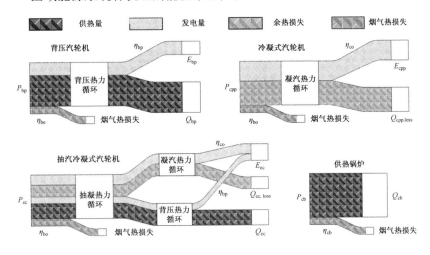

图 6-3　区域能源系统各机组的能流示意图

6.2.3　区域能源系统总能耗费的优化目标函数与约束条件

1. 总能耗费优化目标函数

整个区域能源系统如图 6-1 所示，其运行优化的目标为一个供热季的能耗费最小，其目标函数如式（6-13）所示。其中，电锅炉、电热泵等是区域能源系统内部将电能转化为热能的设备，对于能耗费的影响体现在热电平衡等约束条件中。

$$\min \mathrm{TFC} = \Delta\tau \cdot \sum_{t=1}^{N} \Big[E_{\mathrm{cpp}}(t) \cdot \mathrm{FC}_{\mathrm{cpp}} + Q_{\mathrm{bp}}(t) \cdot \mathrm{FC}_{\mathrm{bp}} \cdot (1 + c_m) +$$
$$E_{\mathrm{ec}}(t) \cdot \mathrm{FC}_{\mathrm{ec,e}} + Q_{\mathrm{ec}}(t) \cdot \mathrm{FC}_{\mathrm{ec,q}} + Q_{\mathrm{cb}}(t) \cdot \mathrm{FC}_{\mathrm{cb}} \Big] + \qquad (6\text{-}13)$$
$$\Delta\tau \cdot \sum_{t=1}^{N} \Big[E_x(t) \cdot Y(t) \Big]$$

式中 TFC —— 区域能源系统一个供热季的能耗费（元）；

$\quad t$ —— 一个供热季区域能源系统的运行时间（h）；

$\quad \mathrm{FC}_{\mathrm{cpp}}$ —— 冷凝式汽轮机发电用能耗费（元·MW^{-1}·h^{-1}）；

$\quad \mathrm{FC}_{\mathrm{bp}}$ —— 背压汽轮机供热用能耗费（元·MW^{-1}·h^{-1}）；

$\quad \mathrm{FC}_{\mathrm{ec,e}}$ —— 抽汽冷凝式汽轮机发电用能耗费（元·MW^{-1}·h^{-1}）；

$\quad \mathrm{FC}_{\mathrm{ec,q}}$ —— 抽汽冷凝式汽轮机供热用能耗费（元·MW^{-1}·h^{-1}）；

$\quad \mathrm{FC}_{\mathrm{cb}}$ —— 供热锅炉用能费（元·MW^{-1}·h^{-1}）；

$\quad Y(t)$ —— 区域电网的交易价格（元·MW^{-1}·h^{-1}）；

$\quad E_x(t)$ —— 区域电网的输入功率，小于 0 为外送功率（MW）。

式中，发电（供热）用能耗费是指生产一个兆瓦时电能（热能）的能耗费，其他符号意义同前。

式（6-13）中各机组的能耗费参数可按式（6-14）计算：

$$\begin{cases} \mathrm{FC}_{\mathrm{bp}} = \dfrac{\xi}{\eta_{\mathrm{bo}}} \\[2mm] \mathrm{FC}_{\mathrm{cb}} = \dfrac{\xi}{\eta_{\mathrm{cb}}} \\[2mm] \mathrm{FC}_{\mathrm{ec,q}} = \dfrac{\xi \cdot c_{\mathrm{v}}}{\eta_{\mathrm{co}} \cdot \eta_{\mathrm{bo}}} \\[2mm] \mathrm{FC}_{\mathrm{ec,e}} = \dfrac{\xi}{\eta_{\mathrm{co}} \cdot \eta_{\mathrm{bo}}} \\[2mm] \mathrm{FC}_{\mathrm{cpp}} = \dfrac{\xi}{\eta_{\mathrm{co}} \cdot \eta_{\mathrm{bo}}} \end{cases} \qquad (6\text{-}14)$$

式中 ξ —— 单位热能释放量的燃煤价格（元·$\mathrm{MW}^{-1}\cdot\mathrm{h}^{-1}$）；

其他符号意义同前。

2. 总能耗费优化约束条件

（1）电平衡约束、热平衡约束，按式（6-15）计算：

$$\begin{cases} Q_{bp}(t)+Q_{ec}(t)+Q_{cb}(t)+\mathrm{COP}_{hp}\cdot E_{hp}(t)+\eta_{eb}\cdot E_{eb}(t)+S(t)=\mathrm{HL}(t) \\ E_{bp}(t)+E_{ec}(t)+E_{cpp}(t)+E_{wp}(t)+E_{x}(t)=\mathrm{EL}(t)+E_{hp}(t)+E_{eb}(t) \end{cases} \quad (6\text{-}15)$$

式中 $\mathrm{HL}(t)$ —— 区域能源系统的热负荷（MW）；

$E_{eb}(t)$ —— 电锅炉的用电功率（MW）；

$\mathrm{EL}(t)$ —— 区域能源系统的电负荷（MW）；

$E_{wp}(t)$ —— 风电机组的并网电量（MW）；

η_{eb} —— 电锅炉的热效率。

（2）供热设备、供电设备的功率约束，按式（6-16）计算：

$$\begin{cases} Q_{bp,min}\leqslant Q_{bp}(t)\leqslant Q_{bp,max} \\ Q_{ec}(t)\geqslant 0 \\ E_{ec}(t)\leqslant E_{ec,max}-c_v\cdot Q_{ec}(t) \\ E_{ec}(t)\geqslant E_{ec,min}-c_v\cdot Q_{ec}(t) \\ E_{ec}(t)\geqslant Q_{ec}(t)\cdot c_m+K_{ec} \\ Q_{cb,min}\leqslant Q_{cb}(t)\leqslant Q_{cb,max} \\ E_{cpp,min}\leqslant E_{cpp}(t)\leqslant E_{cpp,max} \\ 0\leqslant E_{hp}(t)\leqslant \mathrm{IC}_{hp} \\ 0\leqslant E_{eb}(t)\leqslant \mathrm{IC}_{eb} \end{cases} \quad (6\text{-}16)$$

式中 K_{ec} —— 抽汽冷凝式汽轮机纯冷凝循环发电量（MW）。

（3）电力联络线的输送能力，按式（6-17）计算：

$$-E_{x,\max} \leqslant E_x(t) \leqslant E_{x,\max} \tag{6-17}$$

式中 $E_{x,\max}$ —— 电力联络线的最大输送能力（MW）。

（4）风电场 t 时刻的并网发电量 $E_{wp}(t)$，按式（6-18）计算：

$$0 \leqslant E_{wp}(t) \leqslant E_{wp,\max}(t) \tag{6-18}$$

式中 $E_{wp,\max}(t)$ —— 风电理论最大功率（MW）。

理论上风力发电机组的电力输出与风速的三次方成正比，其理论最大电功率按照式（6-19）计算：

$$E_{wp,\max}(t) = \begin{cases} 0, & 0 \leqslant v \leqslant V_i \\ \dfrac{v(t)^3 - V_i^3}{V_r^3 - V_i^3} \cdot \mathrm{Pr}, & V_i < v \leqslant V_r \\ \mathrm{Pr}, & V_r < v \leqslant V_c \\ 0, & v > V_c \end{cases} \tag{6-19}$$

式中 P_r —— 风力发电机组风机的总装机容量（MW）；

$v(t)$ —— 风电场的平均风速（m/s）；

V_r —— 风力发电机组风机的额定风速（m/s）；

V_c —— 风力发电机组风机的切出风速（m/s）；

V_i —— 风力发电机组风机的切入风速（m/s）。

（5）抽汽冷凝式汽轮机的乏汽热量，按式（6-20）计算：

$$(\mathrm{COP}_{hp} - 1) \cdot E_{hp}(t) \leqslant \frac{1 - \eta_{co}}{\eta_{co}} \cdot \left[E_{ec}(t) - c_m \cdot Q_{ec}(t) \right] \tag{6-20}$$

（6）蓄热容量和蓄放热功率，按式（6-21）计算：

$$\begin{cases} 0 \leqslant \mathrm{CAP_{dsao}} - \Delta\tau \cdot \sum_{k=1}^{t} S(k) \leqslant \mathrm{CAP_{dsa}} \\ -S_{\max} \leqslant S(t) \leqslant S_{\max} \end{cases} \tag{6-21}$$

6.2.4　优化计算流程

图 6-4 是区域能源系统低碳清洁热源装机容量优化计算流程，图中有内外两层优化结构，内层的范围从区域供热系统扩大到了区域能源系统，即电力系统各种发电机组，特别是风力发电机组等参与了优化运行调度，以最大限度地消纳风电。

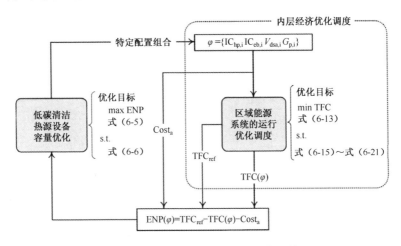

图 6-4　双层优化配置计算的嵌套结构

6.3　低碳清洁热源设备优化配置案例

6.3.1　风电场风资源及风电功率

目前，应用较为广泛的风速分布模型是威布尔模型[42]。威布尔模型不仅形式简单、计算方便，而且能够较好地描述某一时段内的风速波动情况，对不同形状的频率分布适应性较强，其概率密度函数按照式（6-22）计算：

$$f(v;\lambda,k)=\begin{cases}\dfrac{k}{\lambda}\cdot\left(\dfrac{v}{\lambda}\right)^{k-1}\exp\left[-\left(\dfrac{v}{\lambda}\right)^{k}\right], & v\geq 0\\ 0, & v<0\end{cases} \quad (6\text{-}22)$$

式中　min　——　威布尔尺度参数；

　　　k　——　威布尔形状参数；

其他符号意义同前。

假设风电场的总装机容量为250MW，切入风速、切出风速、额定风速依次为3m/s、25m/s、16m/s，威布尔形状参数一天内每个时段均为2，每个时段风力发电机组的威布尔尺度参数、平均发电功率、逐时最大发电功率、延续时间曲线如图6-5所示。

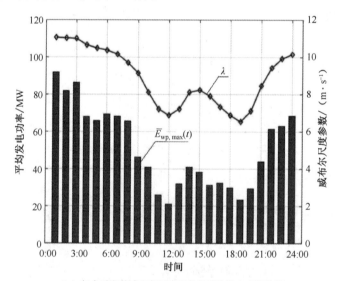

（a）每个时段的威布尔尺度参数与平均发电功率曲线

图6-5　能源系统供热季风电场风速资源及发电功率

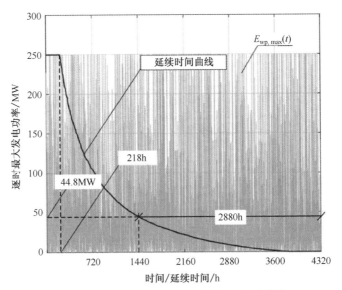

（b）风力发电机组逐时最大发电功率与延续时间曲线

图 6-5　能源系统供热季风电场风速资源及发电功率（续）

由图 6-5（a）可知，夜间风电场日内平均发电功率明显高于白天：从 10：00 到 20：00，小时平均发电功率低于 40MW，而 22：00 到次日 8：00，小时平均发电功率超过 60MW，其中 1：00 到 3：00 甚至超过 80MW。从一个供热季的角度来看图 6-5（b），最大发电功率不大于 44.8MW 的总时长为 2880h，而满负荷发电时长只有 218h，逐时最大发电功率随机性极强。

6.3.2　区域能源系统的电源和热源、电负荷和热负荷

1. 逐时电负荷与热负荷

区域能源系统供热季用户侧的电负荷和热负荷及其延续时间曲线如图 6-6 所示。电负荷是常年性负荷，具有日变化规律；热负荷 $HL(t)$ 属于季节性负荷，具有季节性变化规律。

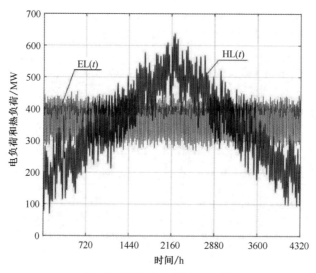

（a）供热季逐时电负荷和热负荷曲线

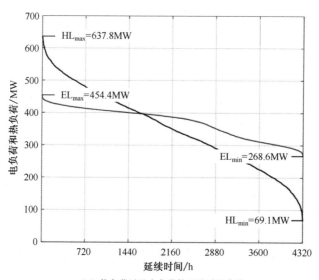

（b）热负荷以及电负荷的延续时间曲线

图 6-6　区域能源系统供热季用户侧的电负荷和热负荷及其延续时间曲线

2. 机组的技术经济参数

既有区域能源系统配置有背压汽轮机、抽汽冷凝式汽轮机、燃煤锅炉、冷凝式汽轮机、电力联络线等。新增低碳清洁热源配置了回收乏汽余热的电动热泵、电锅炉、蓄热罐、蓄放热水泵等。这些机组及设备的技术经济指标如表 6-3 所示。

表 6-3　机组及设备的技术经济指标

设备名称	技术经济指标	设备名称	技术经济指标
冷凝式汽轮机	$E_{cpp, max}$=350MW；$E_{cpp, min}$=120MW；η_{co}=0.45	抽汽冷凝汽轮机	$E_{ec, min}$=61MW；$E_{ec, max}$=153MW；c_v=0.23；K_{ec}=45MW
背压汽轮机	$Q_{bp, max}$=150MW；$Q_{bp, min}$=40MW；c_m=0.4	燃煤锅炉	$Q_{cb, max}$=340MW；$Q_{cb, min}$=20MW；η_{hb}=0.85
电力联络线	$E_{x, max}$=20 MW；$Y(t)$=150 元/（MW·h）	电锅炉	η_{eb}=0.95；K_{eb}=15×10⁴ 元/MW
回收乏汽余热电动热泵	COP$_{hp}$=2.5；K_{hp}=150×10⁴ 元/MW	蓄放热热水泵	K_{pp}=0.21×10⁴ 元/t·h⁻¹
蓄热罐	K_{dsa}=0.175×10⁴ 元/m³	设备预期使用寿命	n=20 年
折现率	i=8%	发电蒸汽锅炉热效率	η_{bo}=0.9
燃煤价格	ξ=0.0085×10⁴ 元/m³（1t 标准煤按 700 元计）		

6.3.3　既有区域能源系统设备的供电、供热及系统弃风

既有区域能源系统的弃风量和弃风率如下：

$$\begin{cases} \text{TCR} = \dfrac{\text{TCWP}}{\Delta\tau \cdot \sum\limits_{t=1}^{24} E_{wp,max}(t)} \\ \text{TCWP} = \Delta\tau \cdot \sum\limits_{t=1}^{24}\text{CWP}(t) = \Delta\tau \cdot \sum\limits_{t=1}^{24}\left[E_{wp,max}(t) - E_{wp}(t)\right] \end{cases} \quad (6\text{-}23)$$

式中 TCR ── 弃风率（%）；

　　　TCWP ── 总弃风量（MW·h）；

　　　CWP(t) ── 弃风功率（MW）。

既有区域能源系统弃风量和弃风率的计算结果是配置清洁热源后区域能源系统的经济分析基础数据。

从图 6-7（a）可以发现，风电场在 0:00 到 6:00，既有能源系统小时平均弃风功率非常严重，而 9:00 到 21:00，几乎都被消纳了。

由图 6-7（b）可见，供热季日总弃风量变化很大，在严寒期 60～120 天平均弃风量很大。究其原因是严寒期热电机组的电力调峰能力随热负荷的增加而有较大的下降。

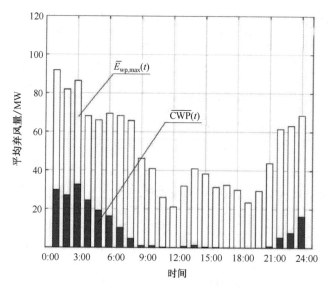

（a）不同时段的平均弃风量和可用风电功率

图 6-7　既有区域能源系统供热季弃风量统计

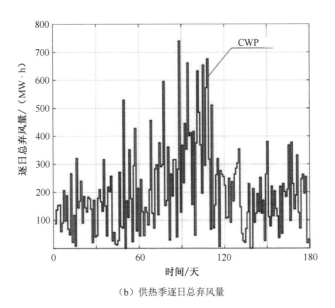

（b）供热季逐日总弃风量

图 6-7　既有区域能源系统供热季弃风统计（续）

根据式（6-13）和式（6-23）可得既有区域能源系统一个供热季的弃风率、总弃风量和总能耗费，如表 6-4 所示。

表 6-4　既有区域能源系统一个供热季的弃风率、总弃风量与总能耗费用

项　　目	弃风率	总弃风量	总能耗费
结　　果	16.3%	35980.2 MW·h	39154.0 万元

6.3.4　配置低碳清洁热源的区域能源系统的仿真计算

1. 各种配置方案的容量寻优

既有能源系统发电、供热等机组的技术经济指标前已述及。在既有区域能源系统的基础上，按照前述优化方法对 7 种低碳清洁热源配置方案的设备容量进行优化，结果如表 6-5 所示。

表 6-5　7 种低碳清洁热源配置方案的设备容量优化结果

配置方案	1	2	3	4	5	6	7
IC_{eb}^*/MW	94.1	—	—	56.1	84.3	—	53.5
IC_{hp}^*/MW	—	34.6	—	28.2	—	34.6	30.9
G_p^*/ $(t \cdot h^{-1})$	—	—	1637.2	—	721.9	761.8	721.4
V_{dsa}^*/m^3	—	—	3989	—	2906	3505.6	3342.9

2. 区域能源系统供热季的净收益和弃风率

按照 7 种低碳清洁热源的优化结果，对既有区域能源系统的热源进行低碳清洁化改造，并在改造完成后对整个供热季进行优化调度运行，结果获得了最大的供热季净收益和最小的系统弃风率，如图 6-8 所示。

由图 6-8 可知，区域能源系统的弃风率由小到大依次为 1、7、5、4、6、2、3，结合表 6-5 可知，电锅炉对于消纳弃风具有决定性作用，其次是电热泵，然后是蓄热系统。这是因为电锅炉除了能直接把风电转化为热能，它的约束条件也比热泵少得多。

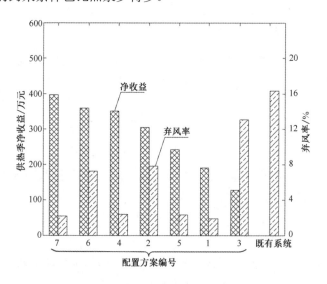

图 6-8　配置低碳清洁热源后供热季净收益和弃风率

从图 6-8 可见，7 种低碳清洁热源使区域能源系统在整个供热季的净收益由大到小依次为 7、6、4、2、5、1、3，结合表 6-5 可知，电热泵获得的经济收益比电锅炉更大，显然这是由于既消纳风电又回收廉价低品位热源。

从图 6-8 并结合表 6-5 还可以发现，蓄热设备的投入有助于减少弃风量，同时获得更大的供热季净收益。另外，图 6-8 还告诉我们，弃风率最小时供热季的净收益不一定最大。

从图 6-9 还可以看出，配置低碳清洁热源方案 7 后和既有区域能源系统相比，最大弃风量从 224.6 MW·h 减小到了 68.7MW·h，弃风总时数从 471h 降低到了 165h。

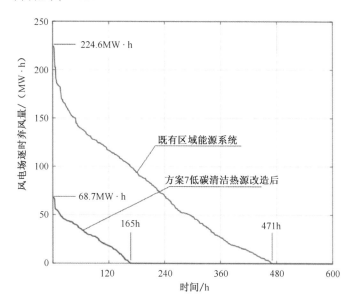

图 6-9　风电场一个供热季的弃风量延续时间对比图

第 7 章

供热管网动态蓄放热特性研究

本章首先提出管网矩阵化的水力和热力仿真模型，然后着重讨论了一级供热管网的蓄放热规律，最后得出管网蓄热量的计算公式及蓄热量随供热调节的变化规律，为管网蓄放热参与到区域能源系统的供热调度奠定了基础。

7.1　供热管网的稳态水力工况和热力工况仿真

供热管网的稳态水力工况和热力工况仿真是管网动态蓄放热及热电协同调度的基础。短暂时间内供热系统的水力工况和热力工况接近稳态，为了减少流量变化所带来的水力失调和热力失调，系统的循环泵及其流量在短时间尺度内也可以看作稳定的。而长时间内管网发生的动态水力工况和热力工况的变化则可作为有限个短时间尺度内稳态工况的连续组合来处理[43]。

7.1.1　管网物理结构的数学建模

热媒输配系统的管道本身也包括各类附件及与管道直接连通的换热器。换热器等亦可抽象为连接供回水管网的特殊节点[44]。经抽象简化的供热管网可由如图 7-1 所示的拓扑结构来表示。

7.1.2　管网的水力仿真模型

由图 7-1 可见,管网的简化拓扑结构把供热系统简化为节点和管段。供热系统的热源、热力站（热用户）作为拓扑结构的一个特殊的节点，在节点处热媒温度突然升高或降低且遵守能量守恒定律。连接在某一节点上的管道之间存在流量分配，所以还要遵守质量守恒定律。

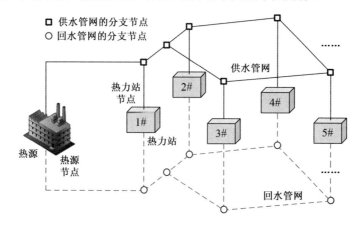

图 7-1　双管系统供热管网的简化拓扑结构

假设拓扑结构有 b 个管段、$n+1$ 个节点，则有

$$\sum_{j=1}^{b} a_{ij} g_j = q_i \tag{7-1}$$

式中　g_j　——　j 管段的流量（kg/s）；

$\quad\quad\ a_{ij}$　——　i 节点和 j 管段的关联参数，关联时 $a_{ij} = \pm 1$，不关联时 $a_{ij} = 0$；

$\quad\quad\ q_i$　——　i 节点的流量（kg/s），流入为正，流出为负；

$\quad\quad\ i,j$　——　节点编号 $i = 1,2,\cdots,n$；管段编号 $j = 1,2,\cdots,b$。

由伯努利方程可得，闭合环路沿程压力的代数和等于 0，则有能量平衡方程：

$$\sum_{j=1}^{b} b_{cj} h_j = 0,\ c = 1,2,\cdots,b-n \tag{7-2}$$

式中　b_{cj}　——　闭合环路 c 和 j 管段的关联参数，关联时 $b_{cj} = \pm 1$，不关联时 $b_{cj} = 0$；

　　　h_j　——　j 管段两端点的压强水头差（Pa）；

　　　c　——　管网闭合环路的编号。

仍由伯努利方程得，管段前后节点的压强水头差可以用式（7-3）表示，即

$$h_j = s_j g_j^2 + z_j - \mathrm{d}h_j \tag{7-3}$$

式中　s_j　——　j 管段的阻抗（Pa·s²/kg）；

　　　z_j　——　j 管段两端节点的位置水头差（Pa）；

　　　$\mathrm{d}h_j$　——　j 管段水泵的扬程，无水泵时取值为 0（Pa）。

双管系统供热管网可抽象为有向图。选定压力参考点和某组链支管段后，水力计算的代数方程式（7-1）～式（7-3）可用矩阵方程来表示，即

$$\begin{cases} \boldsymbol{A}\boldsymbol{G} = \boldsymbol{Q} \\ \boldsymbol{B}\left(\boldsymbol{S}_{\mathrm{d}} \left| \boldsymbol{G} \right|_{\mathrm{d}} \boldsymbol{G} + \boldsymbol{Z} - \mathbf{DH} \right) = \boldsymbol{0} \end{cases} \tag{7-4}$$

式中　$\boldsymbol{A}$　——　管网有向图的基本关联矩阵，$n \times b$ 阶；

　　　$\boldsymbol{G}$　——　管段流量矩阵，$b \times 1$ 阶；

　　　$\boldsymbol{Q}$　——　节点流量矩阵，$n \times 1$ 阶；

　　　$\boldsymbol{B}$　——　管网有向图的基本回路矩阵，$(b-n) \times b$ 阶；

　　　$\boldsymbol{S}_{\mathrm{d}}$　——　管段阻抗对角矩阵，$b \times b$ 阶；

　　　$\left| \boldsymbol{G} \right|_{\mathrm{d}}$　——　管段流量绝对值对角矩阵，$b \times b$ 阶；

Z —— 管段两端节点位置水头差矩阵，$b×1$ 阶；

DH —— 水泵扬程矩阵，$b×1$ 阶；

0 —— $(b-n)×1$ 阶零矩阵。

矩阵 **A**、**B** 各元素的取值如式（7-5）所示：

$$a_{ij} = \begin{cases} 1, & \text{管段 } j \text{ 离开 } i \text{ 节点} \\ -1, & \text{管段 } j \text{ 指向 } i \text{ 节点} \\ 0, & \text{管段 } j \text{ 不包含 } i \text{ 节点} \end{cases} \tag{7-5}$$

$$b_{cj} = \begin{cases} 1, & \text{管段 } j \text{ 在回路 } c \text{ 中，且与回路方向相同} \\ -1, & \text{管段 } j \text{ 在回路 } c \text{ 中，且与回路方向相反} \\ 0, & \text{管段 } j \text{ 不在回路 } c \text{ 中} \end{cases}$$

由式（7-4）可知，矩阵方程有 n 个节点的相对压力未知量，有 $b-n$ 个某组链支管段的流量未知量。未知量总数等于独立方程的个数，因此矩阵方程有唯一解。当管网的流量矩阵 **G** 求解以后，非参考节点的相对压强水头 **P** 通过求解矩阵式（7-6）得出：

$$P = \left(A^{\mathrm{T}}\right)^{-1}\left(S_{\mathrm{d}}\left|G\right|_{\mathrm{d}}G + Z - \mathrm{DH}\right) \tag{7-6}$$

式中 **P** —— $n×1$ 阶矩阵。

7.1.3　供热管网的稳态热力仿真模型

供热系统具有热惯性大、滞后大的特点，为防止系统振荡，一般会进行采样调节[45]。因此，管网的动态变化过程常常被简化为有限个短时间尺度内的稳态工况的组合。

1. 节点热量守恒矩阵方程

图 7-2 中管道采用了直埋敷设方式，这种敷设方式是目前国内集中供热管道的主要敷设方式。根据节点能量守恒和直埋管道散热量方程，可以得出节点热量守恒的代数方程，即

$$\sum_{j=1}^{b} \text{sgn}_{\text{in}}(i,j)g_j c_p t_{j2} + h_i = \sum_{j=1}^{b} \text{sgn}_{\text{out}}(i,j)g_j c_p t_{j1} + u_i, \quad i = 1,2,\cdots,n \quad （7\text{-}7）$$

式中 sgn ——   符号函数（0 或 1），用来表示节点 i 与管段 j 的连接关系；

       c_p ——   流体的定压比热（$\text{J}\cdot\text{kg}^{-1}\cdot\text{℃}^{-1}$）；

       t_{j2} ——   管段 j 终点流体的温度（℃）；

       h_i ——   节点 i 输入热能（W）；

       t_{j1} ——   管段 j 起点流体的温度（℃）；

       u_i ——   节点 i 输出热能（W）。

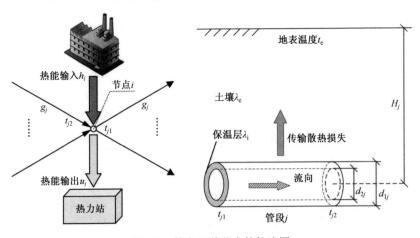

图 7-2 管段及其节点的能流图

符号函数 $\mathrm{sgn}_{\mathrm{in}}(i,j)$ 和 $\mathrm{sgn}_{\mathrm{out}}(i,j)$ 的取值规则如下：

$$\mathrm{sgn}_{\mathrm{in}}(i,j)=\begin{cases}0,\ 其他\\1,\ 节点i为管段j的终点\end{cases}$$

$$\mathrm{sgn}_{\mathrm{out}}(i,j)=\begin{cases}0,\ 其他\\1,\ 节点i为管段j的起点\end{cases} \tag{7-8}$$

节点热量守恒代数方程式（7-7）引入了管网有向图的上、下关联矩阵，可表示为式（7-9）所示的矩阵方程。

$$c_{\mathrm{p}}\overline{\boldsymbol{A}}\boldsymbol{G}_{\mathrm{d}}\boldsymbol{T}_{\mathrm{out}}+\boldsymbol{H}=c_{\mathrm{p}}\underline{\boldsymbol{A}}\boldsymbol{G}_{\mathrm{d}}\boldsymbol{T}_{\mathrm{in}}+\boldsymbol{U} \tag{7-9}$$

式中　$\overline{\boldsymbol{A}}$　——　有向图的上关联矩阵，$n\times b$ 阶；

$\quad\ \ \boldsymbol{G}_{\mathrm{d}}$　——　流量对角矩阵，$b\times b$ 阶；

$\quad\ \ \boldsymbol{T}_{\mathrm{out}}$　——　管段终点温度矩阵，$b\times 1$ 阶；

$\quad\ \ \boldsymbol{H}$　——　节点热能输入矩阵，$n\times 1$ 阶；

$\quad\ \ \underline{\boldsymbol{A}}$　——　有向图的下关联矩阵，$n\times b$ 阶；

$\quad\ \ \boldsymbol{T}_{\mathrm{in}}$　——　管段起点温度矩阵，$b\times 1$ 阶；

$\quad\ \ \boldsymbol{U}$　——　节点热能输出矩阵，$n\times 1$ 阶。

上、下关联矩阵 $\overline{\boldsymbol{A}}$ 和 $\underline{\boldsymbol{A}}$ 中各元素的取值方法如下：

$$\overline{\boldsymbol{A}}(i,j)=\begin{cases}1,\ 管段j热媒流向节点i\\0,\ 其他\end{cases}$$

$$\underline{\boldsymbol{A}}(i,j)=\begin{cases}1,\ 管段j热媒从节点i流出\\0,\ 其他\end{cases} \tag{7-10}$$

2. 管段的热平衡矩阵方程

输热过程 L_j 管段的热平衡方程如下：

$$g_j c_{\mathrm{p}}(t_{j1} - t_{j2}) = \frac{\dfrac{t_{j1} + t_{j2}}{2} - t_{\mathrm{e}}}{R_{ij} + R_{sj}} \cdot L_j(1 + \beta_j), \quad j = 1, 2, \cdots, b \qquad (7\text{-}11)$$

式中　t_{e} —— 土壤地表面的温度（℃）；

　　　L_j —— 管段 j 的长度（m）；

　　　β_j —— 管段 j 的局部热损失占直管段散热损失的估算比值；

　　　R_{ij} —— 管段 j 的保温层热阻（m·℃·W^{-1}）；

　　　R_{sj} —— 管段 j 的覆土层热阻（m·℃·W^{-1}）。

式（7-11）中 R_{ij} 和 R_{sj} 的理论表达式为

$$\begin{cases} R_{ij} = \dfrac{1}{2\pi\lambda_{\mathrm{i}}} \ln \dfrac{d_{1j}}{d_{2j}} \\[4mm] R_{sj} = \dfrac{1}{2\pi\lambda_{\mathrm{e}}} \ln \left(\dfrac{2H_j}{d_{1j}} + \sqrt{\left(\dfrac{2H_j}{d_{1j}}\right)^2 - 1} \right) \end{cases} \qquad (7\text{-}12)$$

式中　d_{1j} —— 管段 j 与土壤接触的保温壳外表面直径（m）；

　　　d_{2j} —— 管段 j 与介质钢管接触的保温材料内表面直径（m）；

　　　H_j —— 管段 j 的埋深（m）；

　　　λ_{i} —— 聚氨酯保温材料的导热系数（W·m^{-1}·℃$^{-1}$）；

　　　λ_{e} —— 土壤的导热系数（W·m^{-1}·℃$^{-1}$）。

　　管道沿途土壤类型、含水率、回填密实度、埋深变化，以及管道组对接头和局部构件等有一定的影响，因此 R_{ij}、R_{sj} 和 β_j 等在一定程度上具有不确定性。为了降低这些不确定参数对于热力仿真的影响，定义了管段 L_j 的集总散热系数 k_j（W/℃），即

$$k_j = \frac{L_j}{R_{ij} + R_{sj}}(1 + \beta_j) \quad (7\text{-}13)$$

联立式（7-11）和式（7-13），管段 L_j 输热过程的热平衡方程可改写为

$$g_j c_p (t_{j1} - t_{j2}) = k_j \left(\frac{t_{j1} + t_{j2}}{2} - t_e \right), \ j = 1,2,\cdots,b \quad (7\text{-}14)$$

同理，输热过程 L_j 管段的热平衡方程式（7-11）引入了管网有向图的上、下关联矩阵，可改写为式（7-15）所示的矩阵方程，即

$$c_p \boldsymbol{G}_d (\boldsymbol{T}_{in} - \boldsymbol{T}_{out}) = \boldsymbol{K}_d \left(\frac{\boldsymbol{T}_{in} - \boldsymbol{T}_{out}}{2} - \boldsymbol{T}_e \right) \quad (7\text{-}15)$$

式中　$\boldsymbol{K}_d$ —— 集总散热系数对角矩阵，$b \times b$ 阶（W/℃）；

　　　$\boldsymbol{T}_e$ —— 土壤地表温度矩阵，$b \times 1$ 阶（℃）。

3. 管网稳态热力仿真矩阵模型

由于同一个节点的每个管段的入口温度都相等，所以 n 个管网节点的温度矩阵 $\boldsymbol{T}_{node}$（$n \times 1$ 阶）可由式（7-16）表示，即

$$\boldsymbol{T}_{in} = \underline{\boldsymbol{A}}^T \boldsymbol{T}_{node} \quad (7\text{-}16)$$

综合式（7-9）、式（7-15）和式（7-16），管网稳态热力仿真矩阵模型可以表示为

$$\begin{cases} c_p \overline{\boldsymbol{A}} \boldsymbol{G}_d \boldsymbol{T}_{out} + \boldsymbol{H} = c_p \underline{\boldsymbol{A}} \boldsymbol{G}_d \underline{\boldsymbol{A}}^T \boldsymbol{T}_{node} + \boldsymbol{U} \\ c_p \boldsymbol{G}_d \left(\underline{\boldsymbol{A}}^T \boldsymbol{T}_{node} - \boldsymbol{T}_{out} \right) = \boldsymbol{K}_d \left(\frac{\underline{\boldsymbol{A}}^T \boldsymbol{T}_{node} + \boldsymbol{T}_{out}}{2} - \boldsymbol{T}_e \right) \end{cases} \quad (7\text{-}17)$$

式（7-17）中，当已知热源热媒温度时，未知参数（$\boldsymbol{T}_{node}$ 和 $\boldsymbol{T}_{out}$）有 $n+b$ 个，独立热平衡方程的个数也有 $n+b$ 个，所以稳态热力工况的解是唯一的。

4. 管段热平衡矩阵方程的求解

（1）式（7-17）中管段终点温度矩阵 T_{out} 的求解。

联立式（7-16）和式（7-15）并求解，可得

$$c_p G_d \left(\underline{A}^T T_{node} - T_{out} \right) = K_d \left(\frac{\underline{A}^T T_{node} + T_{out}}{2} - T_e \right) \tag{7-18}$$

根据式（7-18），管段出口温度 T_{out} 的矩阵表达式改写为式（7-19）。

$$T_{out} = \left(c_p G_d + \frac{K_d}{2} \right)^{-1} \left[\left(c_p G_d \underline{A}^T - \frac{K_d}{2} \underline{A}^T \right) T_{node} + K_d T_e \right] \tag{7-19}$$

（2）式（7-17）中管网节点温度 T_{node} 的求解。

将式（7-16）和式（7-19）代入式（7-13），得到管网节点温度的矩阵方程，即

$$T_{node} = \left[c_p \overline{A} G_d \left(c G_d + \frac{K_d}{2} \right)^{-1} \left(c_p G_d \underline{A}^T - \frac{K_d}{2} \underline{A}^T \right) - c_p \underline{A} G_d \underline{A}^T \right]^{-1} \times$$
$$\left[U - c_p \overline{A} G_d \left(c_p G_d + \frac{K_d}{2} \right)^{-1} K_d T_e - H \right] \tag{7-20}$$

7.1.4 热力仿真模型求解流程

热力仿真模型的求解流程如图 7-3 所示。首先，建立管网的拓扑结构，输入管网的相关基础参数；其次，建立管网的稳态水力计算模型，求解流量矩阵；最后，建立管网的稳态热力计算模型，求解节点温度矩阵方程，也就是稳态热力工况。

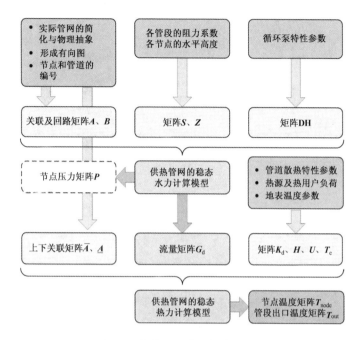

图 7-3　热力仿真模型的求解流程

7.2　一级供热管网简化热动态模型

直埋供热管道沿途热媒温降为 0.1～0.5℃/km，这与热源温度的波动及热源和热力站加热的温度改变[46]相比要小得多。可见，在动态条件下管网的温度分布只取决于热源、热力站和管网的动态水力工况。

双管系统管网水力工况空间对称，从热源到热力站，热媒的输配时间约为循环流动时间的一半。换句话说，热源温度的变化引起热力站热媒温度的变化大约滞后循环流动时间的一半，如图 7-4 所示。从图 7-4 中可见，热力站 m 一次侧的供水温度 $T_{s,m}(t)$ 可由式（7-21）表示。

$$T_{s,m}(t) = T_s\left(t - \frac{\tau_m}{2}\right) \tag{7-21}$$

式中　$T_s(t)$ —— 热源的供水温度（℃）；

　　　m —— $1,2,\cdots,N_{sub}$，N_{sub} 是供热系统热力站总数；

　　　τ_m —— 热媒从热源流经热力站 m 并返回的循环流动时间（min）。

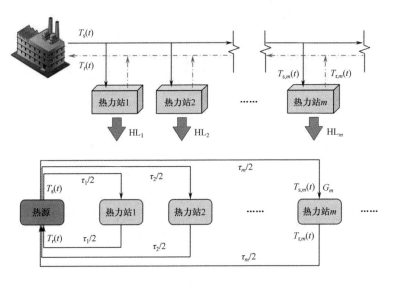

图 7-4　一级供热管网的动态热过程

若热力站换热功率日内恒定，且为等额供热控制，不考虑管网沿途热损失，二级供热管网及其用户不参与蓄放热，则热源某日的规定供热量应等于所有热力站用热量之和，即

$$\sum_{m=1}^{N_{sub}}\left\{c_p \cdot G_m\left[T_{s,m}(t)-T_{r,m}(t)\right]\right\}=c_p \cdot G_{ref}\,\Delta T_{ref} \tag{7-22}$$

式中　G_m —— 热力站 m 一次侧流量（t/h）；

　　　$T_{r,m}(t)$ —— 热力站 m 一次侧的回水温度（℃）；

　　　G_{ref} —— 一级供热管网的规定流量（t/h）；

　　　ΔT_{ref} —— 一级供热管网的规定供回水温差（℃）。

热源的规定流量、规定温度、规定供回水温差与热源的集中调节方式有关。如集中质调节规定流量，则为设计流量，而规定供回水温差则为该日质调节曲线下供回水温差。若不考虑回水管道的沿途散热量，则热源处的回水温度只与所有热力站用热量、一次侧流量及循环流动时间有关，即

$$c_\mathrm{p} G_\mathrm{ref} \cdot T_\mathrm{r}(t) = \sum_{m=1}^{N_\mathrm{sub}} \left[c_\mathrm{p} G_m \cdot T_{\mathrm{r},m}\left(t - \frac{\tau_m}{2} \right) \right] \tag{7-23}$$

式中 $T_\mathrm{r}(t)$ —— 热源回水温度（℃）。

联立式（7-21）、式（7-22）及式（7-23）可得热源的回水温度，即

$$T_\mathrm{r}(t) = \sum_{m=1}^{N_\mathrm{sub}} \left[\frac{G_m}{G_\mathrm{ref}} \cdot T_\mathrm{s}(t - \tau_m) \right] - \Delta T_\mathrm{ref} \tag{7-24}$$

因此，热源的实时供热量与供水温度之间的恒等关系如式（7-25）所示。

$$Q_\mathrm{s}(t) = c_\mathrm{p} G_\mathrm{ref} \left\{ T_\mathrm{s}(t) - \sum_{m=1}^{N_\mathrm{sub}} \left[\frac{G_m}{G_\mathrm{ref}} \cdot T_\mathrm{s}(t - \tau_m) \right] + \Delta T_\mathrm{ref} \right\} \tag{7-25}$$

式中 $Q_\mathrm{s}(t)$ —— 热源的供热功率（W）。

7.3 供热管道蓄放热特性研究

国内集中供热管道的供热管径越来越大，一级供热管网管线的敷设长度越来越长，因而一级供热管网水容量及其蓄热容量也越来越大。利用一级供热管网蓄放热，可以消减供热系统热源的尖峰负荷，提高供热机组热电调节的灵活性，增加基础热源运行小时数，促进风电消纳[47-48]。既有集中供热系统主要采用间接式连接，运行调节主要采用集中质调节以维

持稳定的水力工况。尽管如此,由于换热器一级网和二级网,以及用户复杂的热力耦合关系,管网热动态过程分析仍然存在一些繁杂的问题。为了简化分析,在热力站引入等额供热控制,以期解除这些热力耦合,将管网的蓄放热研究限定在一级供热管网。

7.3.1 等额供热控制

等额供热控制系统流程如图 7-5 所示。等额供热控制是通过调节换热器一次侧旁通阀开度及二级网循环泵转速来实现的,其本质是调节换热器的换热量,使其恒等于用户的日平均热负荷,即室外平均温度下的预测热负荷。由此可见,在等额供热控制模式下,实际供热负荷并不等于实时热负荷,但是借助建筑结构自身较大的热惯性,室内温度的变化小,可以满足用户的热舒适性需求[49-52]。

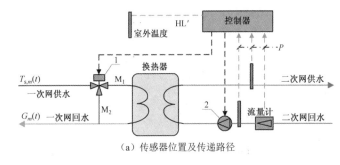

(a)传感器位置及传递路径

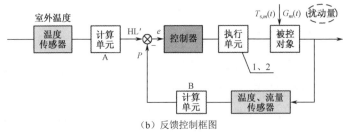

(b)反馈控制框图

图 7-5 等额供热控制流程

1—三通调节阀;2—循环泵;HL′—热力站理论热负荷;P—实际热负荷。

7.3.2　管道蓄热特征

供热管道蓄热时热媒温度升高，放热时热媒温度则降低，但管道自身又是供热系统的输配系统，所以管道在蓄放热的同时还要涉及用户供热量的要求，因而受到系统供需平衡的制约。由此可见，利用管道蓄热必须伴随非稳态的运行调节手段，与独立的蓄热设备相比灵活性较差，过程要比独立的蓄热罐更加复杂。供热管道蓄热与蓄热罐蓄热的对比参见表 7-1。

表 7-1　供热管道蓄热与蓄热罐蓄热的对比

蓄热方式	蓄放热的实现	初投资	调度灵活性	热源和管道供回水温度
供热管道	靠管道内热媒温度变化	零	与系统耦合，灵活性差	动态变化
蓄热罐	热源和蓄热罐流量的分配	与蓄热能力成正比	灵活适应性强	一般要求恒定

7.3.3　管道蓄放热模式

当热源供给热量大于热负荷时，多余的热量使系统热媒平均温度升高，则实现了管道的蓄热。当热源供热量小于热负荷时，在热力站等额供热的条件下，供回水管道平均温度下降，实现了放热。

1. 提高供回水平均温度的蓄热模式

当循环流量不变且超额供热时，一级供热管网系统平均温度升高表现为供回水温度都升高，即供回水共同蓄热，如图 7-6 所示。设热源超额供热从 t_1 时刻开始，运行一定时间后，供水温度从规定值 $T_{s,ref}$ 提高到最高蓄热温度 $T_{s,max}$，在定额供热控制下，依距热力站的循环距离由近及远逐个流经热力站及其旁通管返回回水管道。换热器进水流量减少、旁流水增多，回水温度升高。设最近的热力站在 t_2 时刻流回热源，热源处的回水温度也开始升高；若在 t_3 时刻，最远热力站的回水也返回热源，此时热源的回水温度稳定在一个新的高度。与此同时，热源超额供热量从 t_2 到 t_3 逐渐下降，直到达到 t_3，从 t_3 到 k_1 一直稳定在规定温差。在图 7-6 中，abcA 为整个蓄热过程的供水温度线，Fdgf 为整个蓄热过程的回水温度线。abcAFdgfa 所包围面积是 t_1 到 k_1 时段内热源的实际供热量；而 abcAFdefa 包围的面积是供给热力站的热量，等于日平均热负荷；edgfe 包围的面积则是管道的蓄热量。

同理，若热源从 k_1 时刻降低供水温度，最近的热力站在 k_2 时刻回水返回热源，最远的热力站在 k_3 时刻返回热源，此时热源回水温度稳定在规定值 $T_{r, ref}$，管网完成放热。ABC 为热源降温线，FGD 为放热过程回水温度线；ABCDGFA 包围的面积为热源在 k_1k_3 时段的供热量，FGDEF 包围的面积为 $k_1 \sim k_3$ 时段管道的放热量，两者之和等于热力站的供热量。

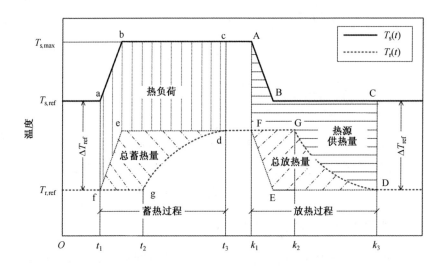

图 7-6　管网升高供回水温度的蓄放热过程

2. 增加循环流量的蓄热模式

当增加循环流量超额供热时，一级供热管网系统平均温度升高表现为回水温度升高，即只用回水管蓄热的方式，如图 7-7 所示。设热源从 t_1

时刻开始超额供热，一级供热管网的总循环流量开始增加。由于等额供热和滞后，在 t_2 时刻，最近的热力站回水温度开始升高，最远的换热站回水温度在 t_3 时刻开始升高，即热源回水温度在 t_3 时刻以后稳定在最高蓄热回水温度 T_r'，如此便完成了一级供热管网回水管道的蓄热过程。热源保持大流量和高回水温度超额供热，直到 k_1 时刻。k_1 时刻若启动了放热过程，则热源的流量从 k_1 时刻开始回落到规定值，回水温度逐渐降低，在 k_2 时刻，最近的热力站回水返回热源，热源温度开始下降，直到 k_3 时刻，最远的热力站回水也返回热源，此时，热源回水温度降低到规定值，此后系统又在非蓄热工况运行。

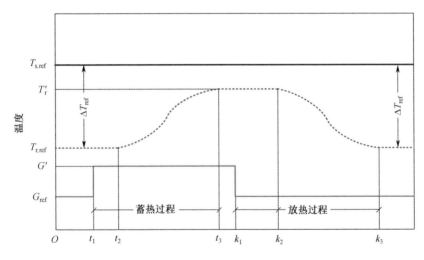

图 7-7　增加循环流量的蓄放热过程

3. 综合改变温度流量的蓄热模式

同时增加热源循环流量和提高热媒温度的蓄热过程如图 7-8 所示。图 7-8 的综合蓄热过程分为两个阶段：首先是提高热媒温度的蓄热过程；其次是待提高热媒温度的蓄热方式完成之后，再提高热媒的循环流量，进一步实施回水管道的蓄热。由此可见，该蓄热模式综合蓄热量更大。

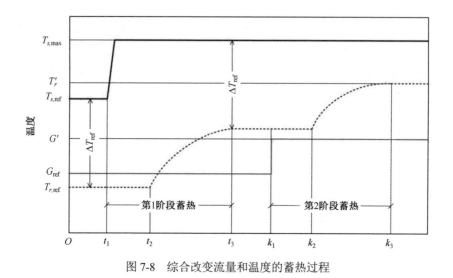

图 7-8　综合改变流量和温度的蓄热过程

7.4　综合改变温度和流量的蓄热量计算

7.4.1　一级供热管网蓄热量计算

一级供热管网综合蓄热量计算方法如式（7-26）所示。

$$\begin{cases} \mathrm{CAP}_{\mathrm{dhn},t} = \left(T_{\mathrm{s,max}} - T_{\mathrm{s,ref}}\right)\rho c_{\mathrm{p}} V_{\mathrm{dhn}} \\ \mathrm{CAP}_{\mathrm{dhn},g} = \left(T_{\mathrm{s,ref}} - T_{\mathrm{r,ref}}\right)\left(1 - \dfrac{G_{\mathrm{ref}}}{G_{\mathrm{max}}}\right)\dfrac{1}{2}\rho c_{\mathrm{p}} V_{\mathrm{dhn}} \\ \mathrm{CAP}_{\mathrm{dhn}} = \mathrm{CAP}_{\mathrm{dhn},t} + \mathrm{CAP}_{\mathrm{dhn},g} \end{cases} \qquad (7\text{-}26)$$

式中　$\mathrm{CAP}_{\mathrm{dhn},t}$　——　提升热媒温度的蓄热量（J）；

$\mathrm{CAP}_{\mathrm{dhn},g}$　——　增加循环流量的蓄热量（J）；

$\mathrm{CAP}_{\mathrm{dhn}}$　——　综合改变温度和流量的蓄热量（J）；

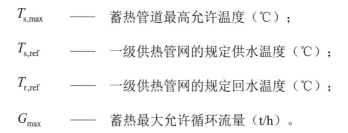

$T_{s,max}$　　——　蓄热管道最高允许温度（℃）；

$T_{s,ref}$　　——　一级供热管网的规定供水温度（℃）；

$T_{r,ref}$　　——　一级供热管网的规定回水温度（℃）；

G_{max}　　——　蓄热最大允许循环流量（t/h）。

显然，蓄热管道最高允许温度越高，蓄热最大允许循环流量越大，一级供热管网的蓄热量就越大。

7.4.2　集中供热调节和管道蓄热

根据集中质调节的计算公式[53]，并结合表 7-2 的计算参数取值，对特定案例进行蓄放热计算。提高供回水平均温度、增加循环流量及综合蓄热能力在供热季不同室外平均温度下的变化曲线如图 7-9 所示。

表 7-2　一级网同时改变温度和流量的蓄热量计算参数取值

参　　数	取　　值	参　　数	取　　值
供热室外计算温度	−11℃	供热室内计算温度	18℃
一级供热管网设计温度	130/70℃	蓄热管道最高允许温度	150℃
一级供热管网设计流量	30000t/h	蓄热最大允许循环流量	45000t/h
一级供热管网总水容量	50000m³	二级供热管网设计温度	60/40℃

由图 7-9 可知：

（1）提升热媒温度的蓄热量随室外平均温度的升高而显著增加，这是一级供热管网规定供水温度降低、蓄热温差增大所致；而增加流量的蓄热量成相反的变化趋势，这是由于在调节状态下，一级供热管网规定供回水温差随室外日平均温度的升高而降低。

（2）提升热媒温度的蓄热量在整个冬季都远大于增加流量的蓄热量，因此一级供热管网综合改变温度和流量的蓄热量与提升热媒温度蓄热量的规律一致。另外，计算案例初末期管网的综合改变温度和流量的蓄热量是严寒期的 2.2 倍。

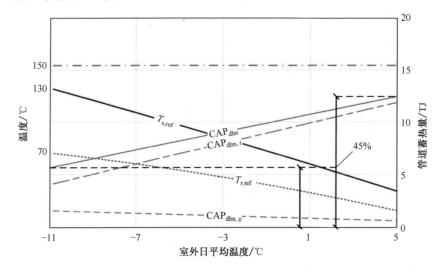

图 7-9　管道蓄热量随集中质调节的变化规律

若计算案例采用分阶段改变流量的集中调节方式，且供热室外计算温度高于−7℃时的循环流量是设计流量的 3/4，则有如图 7-10 所示的变

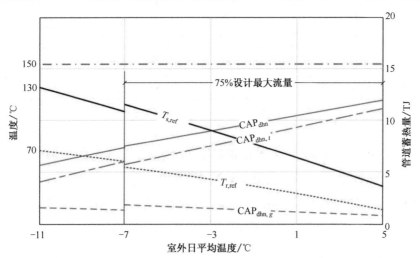

图 7-10　管道蓄热量随分阶段质调节的变化规律

化规律。可以看到,分阶段改变流量的质调节使增加流量的蓄热量有所增加,而提升温度的蓄热量则有所下降。一级供热管网分界处的蓄热量与该点室外温度和改变流量的流量比有关。

　　由供热系统集中质调节蓄热量的变化规律可以得出,集中供热管网设计温度由130/70℃降低为85/40℃以后,若蓄热管道最高允许温度不变,一级供热管网的综合蓄热量将得到大幅提高。

第 8 章

区域能源系统热电协同优化调度

　　热电协同优化调度是实现区域电力和供热系统协同运行、优势互补的综合性技术，也是实现区域能源系统降低化石燃料、增加低碳清洁能源的重要技术手段，更是实现多能互补低温区域供热系统的重要技术支撑。

　　区域能源系统的热电协同优化调度既有共性也有特殊性，与区域能源系统的电源、热源等配置有关。本章建立了包括一级供热管网动态蓄放热和乏汽余热回收电热泵的区域热电协同优化调度模型，给出了优化问题的目标函数和管网蓄放热的热平衡约束条件；将系统内各机组的时序启停机状态作为先验信息，最终得到区域能源系统的线性协同优化调度模型，并给出了相应的计算流程和算法。本章还针对特定案例进行仿真计算，对各机组的逐时供热、供电功率及其变化规律等进行了深入分析。

8.1　简介

　　区域能源系统的电源部分包括一台冷凝式汽轮机、一台背压汽轮机、一台抽汽冷凝式汽轮机；热源部分包括一台燃煤调峰锅炉、一台乏汽余热回收电热泵，用一级供热管网蓄热代替蓄热罐。

　　供热系统一级供热管网平面图如图 8-1 所示，供水管网的拓扑结构及热媒设定流向如图 8-2 所示，其中，HS 代表热源，U 代表热力站，相关物理结构与流动状态参数如表 8-1 所示。供热室外计算温度为-26℃，系统设计热负荷为 180MW。假设电热泵的供热系数在整个供热季维持恒定，电热泵的装机容量为 45MW。区域能源系统各机组技术参数如表 8-2 所示。

　　初末供热期热负荷较小，仅热电机组就可满足供热量的要求；当室外气温降低到-12℃以后，供热调峰锅炉启动，热负荷延续时间曲线与不同负荷水平下热源的启停机安排及其供热量如图 8-3 所示，各能源设备的启停机状态和一级供热管网供回水温度如表 8-3 所示。表 8-3 中的供回水温度是在热泵和管网蓄放热没有参与供热的条件下得到的。热泵和蓄放热的应用将会影响各机组的逐时供热功率和供电功率，但设备启停机状态的安排不受此影响。

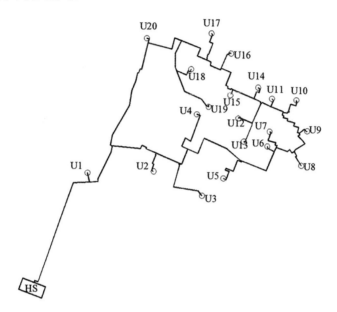

图 8-1 一级供热管网平面图

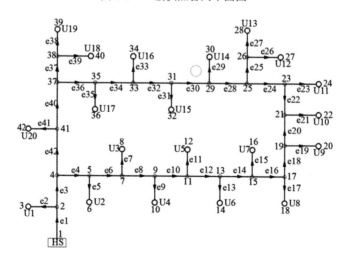

图 8-2 供水管网的拓扑结构及热媒设定流向

表 8-1　供水管网的物理结构与流动状态参数

管段编号	管道内径/m	起/至节点	管段长/m	流动时长/min	热媒流速/(m·s⁻¹)	管段编号	管道内径/m	起/至节点	管段长/m	流动时长/min	热媒流速/(m·s⁻¹)
e1	0.800	1/2	3674	43.1	1.42	e22	0.462	21/23	397	423.4	0.02
e2	0.207	2/3	268	4.4	1.01	e23	0.259	23/24	262	5.5	0.8
e3	0.800	2/4	1382	17	1.35	e24	0.511	25/23	311	23.8	0.22
e4	0.612	4/5	1440	19.9	1.2	e25	0.361	25/26	641	17.7	0.6
e5	0.259	5/6	532	10.5	0.85	e26	0.207	26/27	451	7.9	0.95
e6	0.612	5/7	741	11.7	1.05	e27	0.207	26/28	540	10.1	0.89
e7	0.309	7/8	1620	49.2	0.55	e28	0.511	29/25	276	8.9	0.52
e8	0.612	7/9	548	10	0.91	e29	0.259	29/30	504	11.1	0.76
e9	0.309	9/10	1544	39.1	0.66	e30	0.511	31/29	689	16.1	0.71
e10	0.612	9/11	2090	46.8	0.74	e31	0.259	31/32	139	3.8	0.61
e11	0.259	11/12	1270	26.6	0.8	e32	0.511	33/31	1032	19.8	0.87
e12	0.511	11/13	1376	26.6	0.86	e33	0.259	33/34	557	14.2	0.65
e13	0.149	13/14	256	1.8	2.34	e34	0.612	35/33	592	13.6	0.72
e14	0.511	13/15	128	3.2	0.66	e35	0.259	35/36	933	28.1	0.55
e15	0.207	15/16	622	9.7	1.07	e36	0.612	37/35	1142	23.1	0.82
e16	0.361	15/17	666	11.3	0.98	e37	0.361	37/38	915	24.8	0.61
e17	0.207	17/18	579	10.1	0.96	e38	0.309	38/39	1495	61.3	0.41
e18	0.361	17/19	877	22	0.66	e39	0.259	38/40	532	14.4	0.62
e19	0.207	19/20	323	5.3	1.02	e40	0.612	41/37	1296	20.8	1.04
e20	0.410	19/21	1054	68.8	0.26	e41	0.612	41/42	3230	48.6	1.11
e21	0.259	21/22	762	18.4	0.69	e42	0.612	4/41	3230	48.6	1.11

表 8-2　区域能源系统各机组技术参数

性能参数	数值	性能参数	数值
冷凝式汽轮机的电功率范围 $E_{cpp}^{min} \sim E_{cpp}^{max}$ /MW	80～200	抽汽冷凝式汽轮机的比发电损失 c_v	0.21
冷凝式汽轮机的发电效率 η_{co}	0.45	抽汽冷凝式汽轮机乏汽余热范围 $Q_{ec,loss}^{min} \sim Q_{ec,loss}^{max}$ /MW	21.0～83.8

续表

性能参数	数　值	性能参数	数　值
背压汽轮机电功率和热功率之比 c_m	0.43	电厂蒸汽锅炉热效率 η_{bo}	0.9
背压汽轮机的发电效率 η_{bp}	0.3	供热锅炉热效率 η_{cb}	0.85
背压汽轮机供热量调节范围 $Q_{bp}^{min} \sim Q_{bp}^{max}$ /MW	16~40	供热锅炉允许的热量调节范围 $Q_{cb}^{min} \sim Q_{cb}^{max}$ /MW	24~80
抽汽冷凝式汽轮机供热量调节范围 $Q_{ec}^{min} \sim Q_{ec}^{max}$ /MW	0~80	热泵装机容量 IC_{hp}/MW	45
热泵供热系数 COP_{hp}	3		

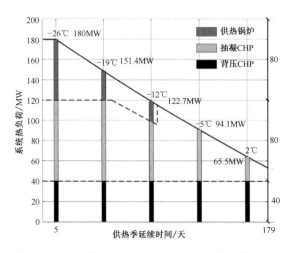

图 8-3　热负荷延续时间曲线与不同负荷水平下热源的启停机安排及其供热量

表 8-3　各能源设备的启停机状态和一级供热管网供回水温度

室外计算温度 T_a /℃		−26	−19	−12	−5	2
热负荷 HL		180.0	151.4	122.7	94.1	65.5
T_s /℃		130.0	114.0	97.8	81.1	63.9
T_r /℃		70.0	63.3	56.9	49.8	42.1
t 时刻启停机状态参数 $\delta(t)$（1 表示启动，0 表示停机）	背压汽轮机	1	1	1	1	1
	抽汽冷凝式汽轮机	1	1	1	1	1
	供热锅炉	1	1	1	0	0

8.2 热电协同优化调度

热电协同优化调度是为了实现区域能源系统供热季的总能耗最小的目标，把整个供热季划分为若干个调度周期，通常 1h 为一个调度周期，在每个调度周期内根据各种负荷及外部条件（如风电场适时风力）优化调度各机组的供热量和供电量。

8.2.1 目标函数

包含管道蓄放热和回收电厂乏汽余热的电热泵区域能源系统热电协同优化调度的目标函数如式（8-1）所示。

$$\min \mathrm{TP} = \Delta\tau \cdot \sum_{t=1}^{n} \left\{ \sum_i \left[\delta_{\mathrm{bp},i}(t) \cdot P_{\mathrm{bp},i}(t) \right] + \sum_j \left[\delta_{\mathrm{ec},j}(t) \cdot P_{\mathrm{ec},j}(t) \right] + \sum_k \left[\delta_{\mathrm{cpp},k}(t) \cdot P_{\mathrm{cpp},k}(t) \right] + \sum_l \left[\delta_{\mathrm{cb},l}(t) \cdot P_{\mathrm{cb},l}(t) \right] \right\} \tag{8-1}$$

式中　TP　　—— 一个调度周期内的能耗（MW·h）；

　　　$\Delta\tau$　　—— 调度周期（h）；

　　　i, j, k, l　—— 背压汽轮机、抽汽冷凝式汽轮机、冷凝式汽轮机及供热锅炉的编号。

结合式（6-7）、式（6-9）和式（6-12），式（8-1）机组能耗计算式可进一步展开，即

$$\min \mathrm{TP} = \Delta \tau \cdot \sum_{t=1}^{n} \left\{ \sum_{i} \left[\delta_{\mathrm{bp},i}(t) \cdot \frac{E_{\mathrm{bp},i}(t)}{\eta_{\mathrm{bo}}} \cdot \left(1 + \frac{1}{c_m} \right) \right] + \right.$$

$$\sum_{j} \left[\delta_{\mathrm{ec},j}(t) \cdot \frac{E_{\mathrm{ec},j}(t) + c_{\mathrm{v}} \cdot Q_{\mathrm{ec},j}(t)}{\eta_{\mathrm{co}} \cdot \eta_{\mathrm{bo}}} \right] + \tag{8-2}$$

$$\left. \sum_{k} \left[\delta_{\mathrm{cpp},k}(t) \cdot \frac{E_{\mathrm{cpp},k}(t)}{\eta_{\mathrm{co}} \cdot \eta_{\mathrm{bo}}} \right] + \sum_{l} \left[\delta_{\mathrm{cb},l}(t) \cdot \frac{Q_{\mathrm{cb},l}(t)}{\eta_{\mathrm{cb}}} \right] \right\}$$

从式（8-2）可知，目标函数的决策变量由各机组的启停机状态参数 $\delta_{\mathrm{bp},i}(t)$、$\delta_{\mathrm{ec},j}(t)$、$\delta_{\mathrm{cpp},k}(t)$、$\delta_{\mathrm{cb},l}(t)$ 和热电逐时功率 $E_{\mathrm{bp},i}(t)$、$E_{\mathrm{ec},j}(t)$、$Q_{\mathrm{ec},j}(t)$、$E_{\mathrm{cpp},k}(t)$、$Q_{\mathrm{cb},l}(t)$ 组成。需要说明的是，因背压汽轮机的热电耦合，所以决策变量只能择其一。

考虑管网的动态蓄放热特性及电热泵利用弃风电力回收乏汽余热进行清洁供热，将式（7-24）代入式（8-2），并考虑热平衡约束，热电协同优化调度的目标函数可进一步展开，即

$$\min \mathrm{TP} = \Delta \tau \cdot \sum_{t=1}^{n} \left\{ \sum_{i} \left[\delta_{\mathrm{bp},i}(t) \cdot \frac{E_{\mathrm{bp},i}(t)}{\eta_{\mathrm{bo}}} \cdot \left(1 + \frac{1}{c_m} \right) \right] + \sum_{j} \left[\delta_{\mathrm{ec},j}(t) \cdot \frac{E_{\mathrm{ec},j}(t)}{\eta_{\mathrm{co}} \cdot \eta_{\mathrm{bo}}} \right] + \right.$$

$$\sum_{k} \left[\delta_{\mathrm{cpp},k}(t) \cdot \frac{E_{\mathrm{ccp},k}(t)}{\eta_{\mathrm{co}} \cdot \eta_{\mathrm{bo}}} \right] + \sum_{j} \frac{c_{\mathrm{v}} \cdot \delta_{\mathrm{ec},j}(t)}{\eta_{\mathrm{co}} \cdot \eta_{\mathrm{bo}}} \left\{ c_{\mathrm{p}} G \left\{ T_{\mathrm{s}}(t) - \sum_{m=1}^{N_{\mathrm{sub}}} \left[\frac{G_m}{G} \cdot T_{\mathrm{s}}(t - \tau_m) \right] + \Delta T_{\mathrm{ref}} \right\} - $$

$$\sum_{l} \left[\delta_{\mathrm{bp},l}(t) \cdot \frac{E_{\mathrm{bp},l}(t)}{c_m} \right] - \sum_{l} \left[\delta_{\mathrm{cb},l}(t) \cdot Q_{\mathrm{cb},l}(t) \right] - Q_{\mathrm{hp}}(t) \right\} + $$

$$\sum_{l} \frac{\delta_{\mathrm{cb},l}(t)}{\eta_{\mathrm{cb}}} \left\{ c_{\mathrm{p}} G \left\{ T_{\mathrm{s}}(t) - \sum_{m=1}^{N_{\mathrm{sub}}} \left[\frac{G_m}{G} \cdot T_{\mathrm{s}}(t - \tau_m) \right] + \Delta T_{\mathrm{ref}} \right\} - $$

$$\left. \sum_{l} \left[\delta_{\mathrm{bp},l}(t) \cdot \frac{E_{\mathrm{bp},l}(t)}{c_m} \right] - \sum_{j} \left[\delta_{\mathrm{ec},j}(t) \cdot Q_{\mathrm{ec},j}(t) \right] - Q_{\mathrm{hp}}(t) \right\} \right\}$$

$$\tag{8-3}$$

8.2.2 约束条件

1. 热平衡约束

（1）对于没有蓄放热的供热系统，供热量总是等于热负荷 HL(t)，可得式（8-4）的约束条件。

$$\sum_i Q_{\text{bp},i}(t) + \sum_j Q_{\text{ec},j}(t) + \sum_l Q_{\text{cb},l}(t) + Q_{\text{hp}}(t) = \text{HL}(t) \tag{8-4}$$

（2）对于利用供热管道蓄放热的供热系统，为了管道安全，热媒温度必须小于蓄热最高允许温度；为满足热力站在 t 时刻的温度要求，一级供热管网的供水温度 $T_s(t)$ 不应低于规定的供水温度 $T_{s,\text{ref}}(t)$，即对于管道蓄热的系统需要再增加式（8-5）的约束条件。

$$T_{s,\text{ref}}(t) \leqslant T_s(t) \leqslant T_{s,\max}(t) \tag{8-5}$$

式中　$T_{s,\max}(t)$ —— 一级供热管网的蓄热最高允许温度（℃）。

2. 电平衡约束

区域能源系统在任意时刻 t 的供电量都等于电网负荷，存在式（8-6）。

$$\sum_i E_{\text{bp},i}(t) + \sum_j E_{\text{ec},j}(t) + \sum_k E_{\text{cpp},k}(t) + E_{\text{wp}}(t) = \text{EL}(t) + E_{\text{hp}}(t) \tag{8-6}$$

3. 抽汽冷凝式汽轮机调节范围约束

第 6 章已述及抽汽冷凝式汽轮机的发电和供热范围。据此，该机组 j 的调节范围可以由不等式（8-7）来表示。

$$\begin{cases} c_m \cdot Q_{\text{ec},j}(t) + K_{\text{ec},j} \leqslant E_{\text{ec},j}(t) \\ c_v \cdot Q_{\text{ec},j}(t) + E_{\text{ec},j}(t) \leqslant E_{\text{ec},j}^{\max} \\ E_{\text{ec},j}^{\min} \leqslant c_v \cdot Q_{\text{ec},j}(t) + E_{\text{ec},j}(t) \\ 0 \leqslant Q_{\text{ec},j}(t) \end{cases} \tag{8-7}$$

式中 $E_{\mathrm{ec},j}^{\max}$，$E_{\mathrm{ec},j}^{\min}$ —— 抽汽冷凝式汽轮机纯凝工况发电功率的最大值、最小值（MW）；

$K_{\mathrm{ec},j}$ —— 低压缸安全运行的纯凝工况发电功率（MW）。

4. 其他机组的容量约束

其他机组的容量约束条件如式（8-8）所示。

$$\begin{cases} E_{\mathrm{bp},i}^{\min} \leqslant E_{\mathrm{bp},i}(t) \leqslant E_{\mathrm{bp},i}^{\max} \\ E_{\mathrm{cpp},k}^{\min} \leqslant E_{\mathrm{cpp},k}(t) \leqslant E_{\mathrm{cpp},k}^{\max} \\ Q_{\mathrm{cb},l}^{\min} \leqslant Q_{\mathrm{cb},l}(t) \leqslant Q_{\mathrm{cb},l}^{\max} \\ 0 \leqslant E_{\mathrm{hp}}(t) \leqslant \mathrm{IC}_{\mathrm{hp}} \end{cases} \tag{8-8}$$

式中 $E_{\mathrm{bp},i}^{\max}$，$E_{\mathrm{bp},i}^{\min}$ —— 背压汽轮机 i 发电功率的最大值、最小值（MW）；

$E_{\mathrm{cpp},k}^{\max}$，$E_{\mathrm{cpp},k}^{\min}$ —— 冷凝式汽轮机 k 发电功率的最大值、最小值（MW）；

$Q_{\mathrm{cb},l}^{\max}$，$Q_{\mathrm{cb},l}^{\min}$ —— 供热锅炉 l 热功率的最大值、最小值（MW）。

5. 乏汽热量约束

这里热泵只回收抽汽冷凝式汽轮机乏汽的热量，所以热泵低温热源的热量小于或等于机组的冷凝热，结合式（6-11），式（8-9）所示的不等式约束成立。

$$(\mathrm{COP}_{\mathrm{hp}} - 1) \cdot E_{\mathrm{hp}}(t) \leqslant \sum_j \left[E_{\mathrm{ec},j}(t) - c_m \cdot Q_{\mathrm{ec},j}(t) \right] \cdot \frac{1 - \eta_{\mathrm{co}}}{\eta_{\mathrm{co}}} \tag{8-9}$$

6. 风电约束

风电的并网电量不会超过其最大理论发电功率，因此有不等式（8-10）。

$$E_{\mathrm{wp}}(t) \leqslant E_{\mathrm{wp,max}}(t) \tag{8-10}$$

8.3 热电协同优化调度目标函数的求解

8.2 节介绍的热电协同优化调度模型由机组启停顺序和热电负荷经济性分配两个相互独立的决策过程组成。当前者作为先验信息时，热电协同优化调度就可以简化为只包含连续决策变量的高维线性规划。借助 MATLAB 的 Linprog 可快速、准确地求解这类问题[54]。热电协同优化调度目标函数求解流程如图 8-4 所示。

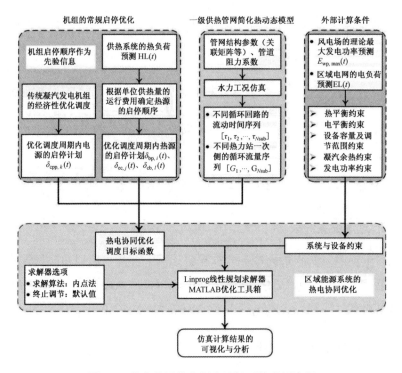

图 8-4 热电协同优化调度目标函数求解流程

8.4　热电协同优化调度相关参数的设定

8.4.1　一级供热管网管道动态蓄放热特征参数

基于稳态水力仿真，热力站一次侧流量和完成一次循环流动需要的时间如表 8-4 所示。为了准确反映一级供热管网的动态蓄放热过程，并节省计算机时，运行调度周期由 1h 缩短为 0.1h，流动时间由分钟转化为小时并取整，然后代入模型进行运算。

表 8-4　热力站一次侧流量和完成一次循环流动需要的时间

热力站编号	流动时间/min	一次侧流量/$(t \cdot h^{-1})$	热力站编号	流动时间/min	一次侧流量/$(t \cdot h^{-1})$
1	95	122.2	11	481	151.3
2	181	160.4	12	473	114.8
3	282	148.2	13	478	107.9
4	282	177.5	14	427	143.4
5	350	151.2	15	380	115.7
6	354	147	16	361	123.7
7	376	129.4	17	362	104.8
8	400	116	18	337	116.8
9	434	123.7	19	431	109.7
10	598	130.7	20	233	76.7

8.4.2　风电机组日发电功率模式与逐时电负荷

以居民用电为主的典型区域电网日负荷变化曲线如图 8-5（a）所示，电负荷峰值和谷值通常出现在 3:00 和 18:00，电负荷谷值约为峰值负荷的 65%[55-56]。

为了深入分析风电随机性对热电协同优化调度的影响，本节假设了 3
种典型的、具有代表意义的风电模式。为了使优化结果具有可比性，不管
哪种风电日发电功率模式，风能总量都等于 1000MW·h。3 种典型的风
电日发电功率模式如图 8-5（b）所示。

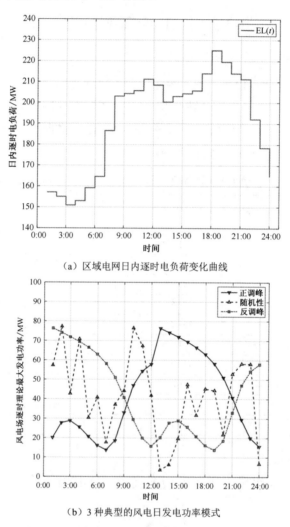

（a）区域电网日内逐时电负荷变化曲线

（b）3 种典型的风电日发电功率模式

图 8-5　区域电网日电负荷变化曲线与 3 种典型的风电日发电功率模式

8.5　热电协同优化调度的仿真计算与分析

为了准确反映热电协同优化调度的各机组逐时发电功率与区域能源系统机组的配置、管道蓄放热特性及电热泵等有关，表 8-5 根据管网蓄放热和电热泵是否参与调度，构造了 4 种组合方案。方案 1 是既有区域能源系统的基本配置，仅包括冷凝式汽轮机、背压汽轮机、抽汽冷凝式汽轮机和供热调峰锅炉；方案 2 和方案 3 在方案 1 的基础上分别增加了一级供热管网的蓄放热和电热泵；方案 4 在方案 1 的基础上同时增加了一级供热管网的蓄放热和电热泵。

表 8-5　电热泵和管道蓄放热参与调度的 4 种组合方案

配置方案	方案 1 （既有能源系统）	方案 2	方案 3	方案 4
一级供热管网 是否参与蓄放热	否	是	否	是
热泵是否回收乏汽余热	否	否	是	是

不管哪种方案，热电协同优化调度的目的都是促进风电消纳，减少区域弃风和化石燃料的用量。方案 2 在方案 1 的基础上利用一级供热管网蓄放热进行热负荷转移，热平衡约束得到了松弛，消减了抽汽冷凝式汽轮机的热负荷峰值，以增强其运行调节的灵活性。方案 3 在方案 1 的基础上投入回收乏汽余热的电热泵，可以直接消纳风电，同时也回收了余热，还消减了抽汽冷凝式汽轮机的供热量，极大地提高了热电机组的电力调峰能力。方案 4 综合利用管道蓄热与电热泵来消纳风电，增加了区域能源系统可再生能源的消费比例。

8.5.1 方案 1 优化调度的仿真结果与分析

方案 1 下的日内弃风率、日内总弃风电能，以及所有机组的总能耗在 3 种典型的风电日发电功率模式下随室外日平均温度的变化如图 8-6 所示。由图 8-6 可以得出如下结论。

（1）弃风率受风电日发电功率模式的显著影响。风电的反调峰日内变化使系统的弃风率总是远远大于正调峰；而热负荷的大小对于弃风率也存在较大影响，当风电为正调峰时，在室外日平均温度分别为-5℃和-26℃时，系统弃风率分别为 6.4%和 8.6%。弃风率越高，日内总弃风电能就越大。

（2）在机组启停机状态确定的条件下，不管何种风电日发电功率模式，热负荷增大都将造成更大的系统弃风率。究其原因是既有能源系统的热电协同调度也只能通过调度所有机组的发电功率和供热功率进行直接或间接的热力调峰，而热电机组的电力调峰能力随自身供热量的增加而减小。

（3）对比图 8-6（a）和图 8-6（b）可以发现，风电场弃风率越大，能源系统的能耗就越高，因此研究的重点在于风电反调峰变化的日发电功率模式。

8.5.2 方案 1 反调峰模式下的调度结果与分析

假设风电具有反调峰的日内变化特性，而区域供热负荷日内维持在 65.5MW，分析在方案 1 条件下区域能源系统通过热电协同调度下各机组的逐时热电功率，如图 8-7（a）所示。

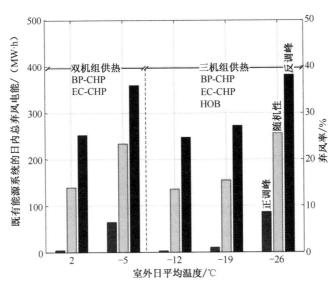

（a）既有能源系统日内总弃风电能随室外日平均温度的变化

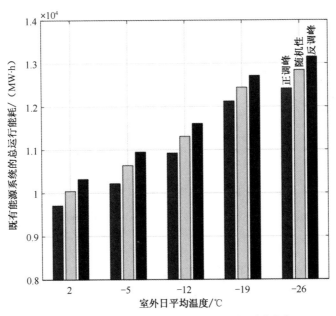

（b）既有能源系统总运行能耗随室外日平均温度的变化

图 8-6　既有区域能源系统弃风及能耗随风电模式和室外气温的变化

图 8-7（a）中曲线 $E_{cpp}(t)$是冷凝式汽轮机逐时热电功率变化曲线。从 23:00 到次日 6:00，热电功率保持最低约为 80MW；6:00 开始增加，到 12:00 近似达到 128MW，出现第一个极值点；12:00 到 18:00 成反抛物线形变化，14:00 出现极小值，约 114MW；18:00 升至最大值，约 146MW；18:00 到 23:00，热电功率逐渐下降。由此可见，曲线 $E_{cpp}(t)$的变化规律与电网逐时负荷［见图 8-5（a）］非常相似。

图 8-7（a）中曲线 $E_{ec}(t)$是抽汽冷凝式汽轮机逐时热电功率变化曲线。从 6:00 开始热电功率逐渐升高，到 12:00 出现最大值，约 58MW；12:00 到 21:00 热电功率比较平稳，21:00 开始下降，直到 23:00；23:00 到次日 6:00 热电功率较低，约 38.4MW。

图 8-7（a）中曲线 $E_{bp}(t)$是背压汽轮机逐时热电功率变化曲线。从 0:00 到 24:00 一直维持最小发电量 6.9MW，不随电网、风电功率等的变化而变化。

图 8-7（a）中曲线 $E_{wp}(t)$是并网风电变化曲线，从 23:00 到次日 6:00 成反抛物线形变化。23:00 并网发电量从较大值 54MW 下降到次日 3:00 的低点 26MW；3:00 到 6:00 逐渐升高，7:00 达到最大值，约 60MW；7:00 以后并网发电量再次下降，直到 12:00 降到极小值 16MW；然后小幅上扬，14:00 升高到 30MW；19:00 再次降低到最小值 14MW，然后再次增加，直到 23:00。

对图 8-5（a）区域电网日电负荷变化曲线和图 8-5（b）3 种典型的风电日发电功率模式进行分析，不难发现，上述 4 种机组的热电功率变化是合理的。

首先，区域电网的日电负荷在 21:00 开始下降；次日 3:00 到 4:00 用电量降至最低，此后开始小幅上扬；6:00 到 7:00 突然大幅升高。与此相反，21:00 至次日 7:00 风电场风力非常富裕，为了最大化地消纳风电，需要最大化地压缩机组的发电量。因此，背压汽轮机、冷凝汽轮机、抽汽冷凝式汽轮机的发电量都在安全的下限范围。与此同时，21:00 风电并网功率陡峭攀升，23:00 达到第一极点；之后逐渐降低，凌晨 3:00 降到最低

（但仍然高于日间并网热电功率）然后增加；6:00 到 7:00 急速增加，7:00 达到最高。特别指出：6:00 到 7:00 其他机组热电功率几乎不变，只有风电并网热电功率陡峭攀升来满足电网负荷的快速增加。夜间并网风电变化规律和夜间电网电负荷的变化规律高度一致。

其次，电网 7:00 到 22:00 处于用电高峰，而此时段风电场的可发电功率反而较小，所以 7:00 到 22:00 风电并网热电功率曲线和反调峰曲线极其相似。风电并网热电功率从 7:00 开始下降，12:00 达到第一低点后开始升高，直到 15:00；然后再次降低，17:00 降到最低；然后随着电场风力的快速增大并网热电功率持续增加，直到 23:00 出现第一极点。特别指出，22:00 到 23:00，冷凝式汽轮机、抽汽冷凝式汽轮机的发电量都在降低，只有风电并网热电功率在增加。日间 7:00 到 22:00，冷凝式汽轮机上网电量激增，随电网负荷的增加而增加、降低而降低。同时，7:00 到 21:00 抽汽冷凝式汽轮机在保持供热量不变的基础上也提高了发电量；背压汽轮机作为基础负荷，昼夜的发电量和供热量都保持不变。

在双机组供热不同热负荷水平下的逐时热电功率如图 8-7（a）和图 8-7（b）所示。可以看到，仅当系统热负荷从 65.5MW 增加到 94.1MW 后，抽汽冷凝式汽轮机的供热量从大约 49.5MW 提高到 78.1MW。与此同时，最小热电功率也从 38.4MW 增加到了 50.6MW。而冷凝式汽轮机发电量及其变化规律保持不变，最大值略有降低以补偿抽汽冷凝式汽轮机发电量的增加；背压汽轮机发电量、供热量保持不变。虽然在图 8-7（a）和图 8-7（b）中，风电并网电量曲线 $E_{wp}(t)$ 的变化规律一样，但是抽汽冷凝式汽轮机提高了最小发电量，导致并网风电显著下降。在夜间，在风电高发时段产生了大量弃风，结果日内总弃风量由 252.5MW·h 升高到了 359.6MW·h。

当系统供热负荷依次为 122.7MW、180MW 时，供热调峰锅炉投入运行，即三机组供热。在电网电负荷［变化规律见图 8-5（a）］及风电反调峰规律［见图 8-5（b）］等耦合作用下，区域能源系统各机组逐时热电功率变化曲线如图 8-7（c）和图 8-7（d）所示。

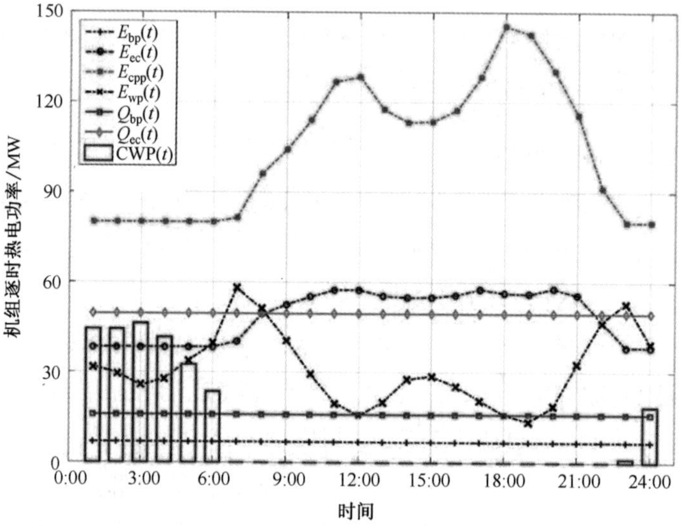

（a）HL=65.5MW、双机组供热

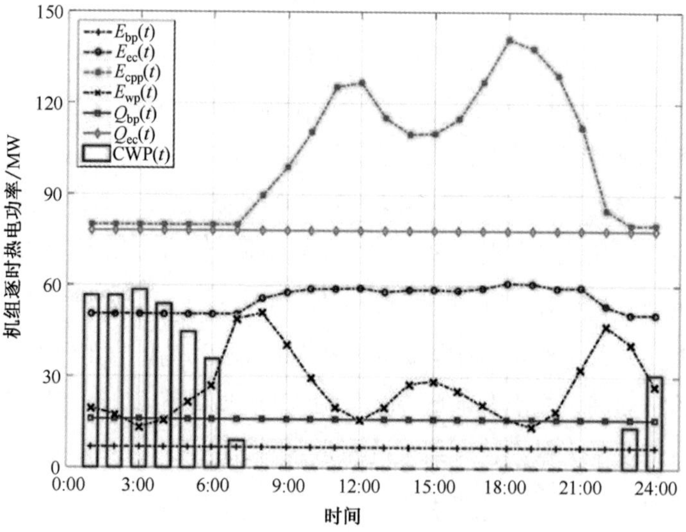

（b）HL=94.1MW、双机组供热

图 8-7　热负荷和反调峰风电耦合作用下各机组的逐时热电功率

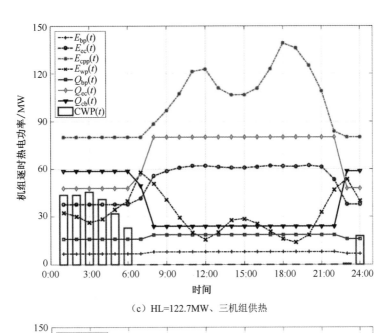

（c）HL=122.7MW、三机组供热

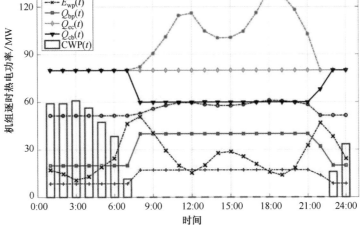

（d）HL=180MW、三机组供热

图 8-7　热负荷和反调峰风电耦合作用下各机组的逐时热电功率（续）

从图 8-7（c）中曲线 $E_{\text{cpp}}(t)$ 可以看出，为了满足夜间电网最低负荷要求，冷凝式汽轮机从 22:00 到次日 7:00 的发电量仍然维持最低功率 80MW；从 7:00 开始增加，12:00 增加到约 128MW；12:00 到 18:00 成反抛物线形变化，15:00 降到极小值，约 114MW；18:00 升至最大，约 140MW；18:00 到 22:00 发电量逐渐下降，变化趋势与区域电网日电负荷变化曲线［见图 8-5（a）］相同。

从图 8-7（c）中曲线 $E_{ec}(t)$ 可以看出，抽汽冷凝式汽轮机热电功率从 21:00 开始下降，23:00 达最小值；23:00 到次日 6:00 热电功率不变，约为 38MW；6:00 到 8:00 先缓后陡峭攀升，8:00 到 11:00 逐渐升高到约 62MW；11:00 到 21:00 发电量较平稳。

图 8-7（c）中曲线 $E_{bp}(t)$ 是背压汽轮机热电功率变化曲线。22:00 到 23:00 发电量逐渐下降；23:00 到次日 7:00 一直维持最小发电量 6.9MW；7:00 到 8:00 缓慢增加，8:00 到 22:00 发电量维持较大值不变，约 8MW。

从图 8-7（c）中曲线 $E_{wp}(t)$ 变化曲线可以看出，并网风电昼夜变化规律与图 8-7（a）、图 8-7（b）相似，但是并网热电功率与图 8-7（a）更接近。这是因为虽然热负荷从 94.1MW［见图 8-7（b）］增加到 122.7MW［见图 8-7（c）］，但是由于供热调峰锅炉的投入，夜间抽汽冷凝式汽轮机供热量和背压汽轮机供热量都降低了。特别是抽汽冷凝式汽轮机的供热量，从图 8-7（b）中的约 78MW 下降到图 8-7（c）中的约 48MW，提高了抽汽冷凝式汽轮机的运行灵活性；夜间该机组的热电功率降低，从图 8-7（b）中的约 48MW 下降到了图 8-7（c）中的 38MW，这样就使夜间风电并网热电功率从 14MW 提高到了 28MW［见图 8-7（a）］的水平。

从图 8-7（c）中 $Q_{cb}(t)$ 曲线可以看出，夜间供热调峰锅炉功率最大。白昼用电负荷增加但可用风电匮乏，所以在抽汽冷凝式汽轮机和背压汽轮机发电量增加的同时，供热功率也在增加，因而燃煤锅炉的供热量白天降到最低。

三机组不同热负荷水平下的逐时热电功率比较如图 8-7(c)和图 8-7(d)

所示。由图 8-7(c)和图 8-7(d)可见，热负荷由 122.7MW 升高到 180MW，抽汽冷凝式汽轮机夜间的供热量显著增加，从 48MW 增加到 80MW；最小逐时热电功率也明显增加，从 38MW 增加到 52MW；背压汽轮机的供热量由 16MW 提高到 20MW，其发电量约从 6MW 提高到 8MW。这些导致夜间区域能源系统在风电高发时段的并网电量下降，风电场的日内总弃风量从 247.4MW·h 增加到 382.3MW·h。

综上所述，在反调峰模式下，夜间风电场的逐时理论功率大，但是由于电网负荷小，因而通过调度，风电并网逐时热电功率跟随区域电网负荷发生变化。与此相反，白昼风电场的逐时理论热电功率远小于电网负荷，因而通过调度，风电并网逐时热电功率跟随风电场逐时理论最大热电功率发生变化。这种调度实现了风电消纳的最大化。

8.5.3　电热泵和管道蓄放热的风电消纳效果

通过对 4 种组合方案的热电协同优化调度，区域能源系统在各种条件下的日内总弃风量及日均弃风量如表 8-6 所示。

表 8-6　区域能源系统在各种组合条件下的弃风量

热负荷/MW	方案 1 的日内总弃风量/（MW·h）			方案 2 的日内总弃风量/（MW·h）			方案 3 的日内总弃风量/（MW·h）			方案 4 的日内总弃风量/（MW·h）		
	正调峰	随机变化	反调峰	正调峰	随机变化	反调峰	正调峰	随机变化	反调峰	正调峰	随机变化	反调峰
65.5	4.3	139.7	252.5	0.0	89.5	174.8	0.0	35.8	72.0	0.0	35.2	70.7
94.1	64.2	233.5	359.6	0.0	103.7	221.9	0.0	50.8	102.0	0.0	35.2	70.7
122.7	3.0	135.8	247.4	0.0	127.3	245.6	0.0	35.2	70.7	0.0	35.2	70.7
151.4	10.2	154.8	272.7	3.0	135.8	247.4	0.0	37.4	76.1	0.0	35.2	70.7
180.0	86.0	256.3	382.3	3.0	135.8	257.2	0.0	54.5	109.5	0.0	35.2	70.7
日均弃风量	33.5	184.0	302.9	1.2	118.4	229.4	0.0	42.7	86.1	0.0	35.2	70.7

观察表 8-6 可知，通过热电协同优化调度，在风电正调峰模式下，方案 2 的日均弃风量与方案 1 的相比，从 33.5MW·h 降低到 1.2MW·h；而方案 3 和方案 4 可消纳全部弃风。

当风电随机变化时，方案 2 的日均弃风量从方案 1 的 184.0MW·h 降低到 118.4MW·h；而方案 3 则降低到了 42.7MW·h；方案 4 则降低到了 35.2MW·h。

当风电为反调峰日功率模式时，方案 2 的日均弃风量从方案 1 的 302.9MW·h 降低到了 229.4MW·h；而方案 3 则降低到了 86.1MW·h；方案 4 则降低到了 70.7MW·h。

由此可见，乏汽余热回收热泵和利用管道蓄放热都能有效提升风电消纳的效果，而电热泵效果更好。

对于同一种风电日功率模式，4 种组合方案通过热电协同调度，在不同热负荷条件下呈现了不同的变化规律。方案 2 和方案 3 热负荷的变化对日内总弃风量具有一定程度的影响，而方案 4 则不然，方案 4 在各种热负荷条件下的日内总弃风量保持不变，依次为 35.2MW·h 和 70.7MW·h。

在风电反调峰模式下，方案 3 的日均弃风量大于方案 4 的，这表明在电热泵的基础上再增加管道蓄放热的调度，风电消纳效果更好。

8.5.4　组合方案 4 各机组逐时热电功率分析

方案 4 在风电反调峰模式下，各机组的逐时工况如图 8-8（a）和图 8-8（b）所示。由图 8-8（a）和图 8-8（b）对比可知，当热负荷由 94.1MW 升高到 180MW 后，热源从双机组增加到三机组运行，抽汽冷凝式汽轮机和背压汽轮机一天内的逐时热电功率虽然有所增加，但是抽汽冷凝式汽轮机夜间热电功率均降至 0；而冷凝汽轮机夜间热电功率非常接近，日间明显提高。另外，供热锅炉全天恒定供热，约 28MW。

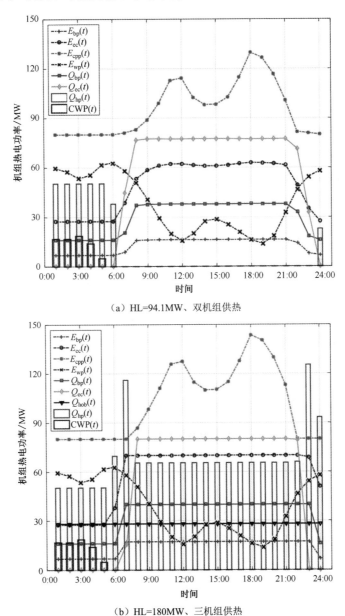

（a）HL=94.1MW、双机组供热

（b）HL=180MW、三机组供热

图 8-8　方案 4 区域能源系统热电协同调度下各机组的逐时热电功率

当系统热负荷为 94.1MW 时，利用管道蓄放热和电热泵，在风电高发时段，系统的逐时弃风量显著降低，图 8-7（b）中 3:00、6:00 弃风量依次从 56MW、36MW 左右降低到图 8-8（a）的 20MW 左右和 0MW。相反，图 8-7（b）中 3:00、6:00 的风电并网电量依次为 12MW、26MW 左右，而图 8-8（a）中 3:00、6:00 的风电并风电量提高到 56MW 和 66MW 左右。6:00 到 24:00，风电并网逐时热电功率变化规律与风电场逐时最大理论热电功率曲线相似。方案 4 的并网风电功率与方案 1 的相比，提前 1h 和推后 2h 达到峰值。究其原因是电热泵夜间的投入消纳高发风电，以及夜间管网系统的放热和抽汽冷凝式汽轮机供热量为零而发电功率最小。日间其他时段因风电量降低，电热泵停止供热，虽然管道蓄热，但是图 8-8（a）和图 8-7（b）中的风电并网功率及其变化规律仍然相同。

对比图 8-7（b）和图 8-8（a）可以看到，为了充分消纳风电，图 8-8（a）中冷凝式汽轮机的电功率与方案 1 的基本接近。但是，抽汽冷凝式汽轮机的电功率从 24:00 开始降到最低，直到 6:00，而供热功率更是降至零。背压汽轮机从 23:00 到次日 6:00，供热量和发电功率基本相等，但是日间发生了变化。图 8-8（a）中日间的供热量和发电功率分别从图 8-7（b）中的 16MW 和 6.9MW 提高到了 40MW 和 17MW。电热泵在 24:00 到次日 6:00 高负荷运行，1:00 到 5:00 供热量大约维持在 52MW，有效地回收了乏汽余热，同时还消纳了风电。

观察图 8-8（a）热泵的供热功率发现，1:00 到 5:00 的供热功率高于 6:00 的，6:00 的高于 24:00 的。究其原因是 1:00 到 6:00 及 24:00 时，冷凝式汽轮机和抽汽冷凝式汽轮机的发电功率恒定在最小值，2 台热电机组的供热量也恒定在最小值（其中，抽汽冷凝式汽轮机的为零）。但是电网负荷从 5:00 到 6:00 保持不变，在 6:00 时突然升高，与此同时风电场理论最大电功率在 5:00 到 6:00 不增反降。为了满足电网负荷的供需平衡，就导致了 6:00 时热泵的供热功率小于 1:00 到 5:00 的。同理，24:00 的电网负荷高于 6:00 的，但是 24:00 的风电理论最大电功率又小于 6:00 的，因而 12:00 热泵的供热功率就进一步下降了。

比较逐时供热功率发现，22:00 至次日 7:00，系统的总供热功率小于 7:00 到 22:00 的热负荷。由此可见，22:00 到次日 7:00 一级供热管网放热，补偿了夜间热负荷升高同时抽汽冷凝式汽轮机和背压汽轮机供热量减少的影响；7:00 到 22:00，系统的总供热功率大于 7:00 到 22:00 的热负荷，所以一级供热管网在蓄热。

同样，观察图 8-8（b）热泵的供热功率发现，1:00 到 5:00 的供热功率与图 8-8（a）中的相等，6:00 升高，7:00 达到极大值；8:00 降低并保持不变，直到 22:00，23:00 再次增加到最大值，24:00 热泵的供热功率有所降低（小于 7:00 的，大于 6:00 的）。

1:00 到 5:00，无论是图 8-8（a）中还是图 8-8（b）中热泵的供热功率都不变。这是因为尽管热负荷从 94.1MW 提高到了 180MW，但是图 8-8（b）投入了调峰锅炉恒定运行，还有 1:00 到 5:00 抽汽冷凝式汽轮机的发电功率不变，零供热功率不变，即抽汽冷凝式汽轮机的乏汽余热量并未改变，1:00 到 5:00 热泵已经回收了全部乏汽的余热。

6:00，图 8-8（b）中抽汽冷凝式汽轮机供热功率虽然仍然为零，但是发电功率已经有所提高，所以乏汽量增加了，因而热泵供热量有所增加。

7:00，图 8-8（b）的发电功率增至最大，所以乏汽量增至最大，因而热泵供热量出现极大值。

8:00 到 22:00，图 8-8（b）的发电功率保持最大，乏汽量保持最大，但是热泵供热量反而降到低于 6:00 的供热功率。综合分析此时段的电网负荷、风电并网功率、冷凝式汽轮机发电功率、背压和抽汽冷凝式汽轮机发电功率、供热量变化等因素不难发现，这是电平衡和热平衡的结果，热泵回收了比 6:00 时少的乏汽向系统供热。

比较逐时供热功率发现，23:00 至次日 6:00，系统的总供热功率小于

6:00 到 23:00 的热负荷。由此可见，23:00 到 6:00 一级供热管网放热，补偿了夜间热负荷升高同时抽汽冷凝式汽轮机、背压汽轮机供热量减少的综合影响；6:00 到 23:00，系统的总供热功率大于 6:00 到 23:00 的热负荷，所以一级供热管网在蓄热。与图 8-8（a）相比，一级供热管网放热的时间缩短了 2h，而蓄热时间增加了 2h。

比较 0:00 到 24:00 并网风电的变化规律，图 8-8（b）中的变化与图 8-8（a）中的完全相同，所以从 6:00 起到 24:00 止，图 8-8（b）中热泵供热功率虽然高于图 8-8（a）中的，但是更多的乏汽余热的回收是以热电为代价的。23:00 到 24:00 的情况不再赘述。

综上所述，该区域能源系统，尽管夜间热泵最大限度地消纳了风电，但是方案 4 在反调峰模式下，夜间仍无法完全消除弃风，还有进一步消纳风电的空间。这是因为抽汽冷凝式汽轮机的发电、供热和乏汽量三者的耦合作用，夜间乏汽量限制热泵供热功率的进一步增加。这就需要配置和热电机组不关联的低温热源热泵，如空气源、水源或其他工业余热等热泵。

参考文献

[1]   DAI J, YANG X, WEN L. Development of wind power industry in China: A comprehensive assessment[J]. Renewable & Sustainable Energy Reviews, 2018, 97: 156-164.

[2]   张玥. 2011—2015 年中国弃风数据统计[J]. 风能，2016(2): 34-35.

[3]   中华人民共和国国家统计局. 中国统计年鉴——2017[M]. 北京：中国统计出版社，2017.

[4]   国家发展和改革委员会，国家能源局. 北方地区冬季清洁取暖规划（2017—2021 年）. 发改能源〔2017〕2100 号. 北京，2017.

[5]   BUILDING ENERGY RESEARCH CENTER OF TSINGHUA UNIVERSITY. Buildings energy use in China: Transforming construction and influencing consumption to 2050[R]. Beijing: Tsinghua University, 2016: 45-60.

[6]   JUNFENG J Z, SMITH K R. Household air pollution from coal and biomass fuels in China: measurements, health impacts, and interventions[J]. Environmental Health Perspectives, 2007, 115(6): 848-855.

[7]   魏昭峰. 中国电力年鉴 2013[M]. 北京：中国电力出版社，2013.

[8]   LO K. A critical review of China's rapidly developing renewable energy and energy efficiency policies[J]. Renewable & Sustainable Energy Reviews, 2014, 29: 508-516.

[9]   ZHANG D, WANG J, LIN Y, et al. Present situation and future prospect of renewable energy in China[J]. Renewable & Sustainable Energy Reviews, 2017, 76: 865-871.

[10]   PASS R Z, WETTER M, PIETTE M A. A thermodynamic analysis of a novel bidirectional district heating and cooling network[J]. Energy,

2018, 144: 20-30.

[11] BUNNING F, WETTER M, FUCHS M, et al. Bidirectional low temperature district energy systems with agent-based control: Performance comparison and operation optimization[J]. Applied Energy, 2018, 209(1): 502-515.

[12] 刘华，付林，江亿. 大幅降低采暖能耗的有效途径——低温末端供热[J]. 供热制冷，2015(9): 4.

[13] 李庆娜. 散热器采暖系统低温运行应用研究[D]. 哈尔滨：哈尔滨工业大学，2009.

[14] 朱晓姣，李翠敏，柳松. 典型低温散热器性能实验和案例分析[J]. 节能，2020，39(6): 120-124.

[15] 朱晓姣，李翠敏，柳松，等. 低温散热器选型和温度分布模拟[J]. 建筑技术，2020，51(6): 695-698.

[16] 杨瑞丽，李文慧. 低温水源对流散热器在空气源热泵系统中的应用[J]. 建筑工程技术与设计，2018，000(004): 213-215.

[17] 韩吉兵，张冰，李建林. 关于散热器热水供暖温度的讨论[J]. 建设科技，2015(14): 3.

[18] 程海峰，许洁，王庚，等. 夏热冬冷地区低温散热器与空调供暖室内温度分布特征研究[J]. 安徽建筑大学学报，2018，26(4): 70-74.

[19] 杨茜，李德英，王梦圆，等. 农村住宅低温散热器供暖系统效果研究[J]. 煤气与热力，2016，36(4): 19-23.

[20] 董旭娟，闫增峰，王智伟. 夏热冬冷地区城市住宅供暖方式调查与室内热环境测试研究[J]. 建筑科学，2014，30(12): 2-7.

[21] 周斌，谭洪卫，王亮. 低温散热器采暖方式的舒适性研究[J]. 建筑节能，2013，41(4): 23-26.

[22] 潘雪竹，赵雷. 太阳能地板采暖系统的初步分析[J]. 节能，2013，32(8): 3，59-61.

[23] 李翠敏，王源，刘成刚. 一种低温供暖自然对流散热器的换热特性

及结构的研究[J]. 流体机械，2016，44(2): 71-76.

[24] 李翠敏，王源，刘成刚. 定型相变板在低温散热器中的热特性研究[J]. 苏州科技学院学报（工程技术版），2016，29(1): 1-6.

[25] 薛红香，张霞，王雷，等. 基于㶲分析的供暖末端设备节能性研究[J]. 可再生能源，2010，28(6): 118-120.

[26] HASAN A, KURNITSKI J, KAI J. A combined low temperature water heating system consisting of radiators and floor heating[J]. Energy & Buildings, 2009, 41(5): 470-479.

[27] HESARAKI A, HOLMBERG S. Energy performance of low temperature heating systems in five new-built Swedish dwellings: A case study using simulations and on-site measurements[J]. Building & Environment, 2013, 64(2): 85-93.

[28] MYHREN J A, HOLMBERG S. Flow patterns and thermal comfort in a room with panel, floor and wall heating[J]. Energy and Buildings, 2008, 40(4): 524-536.

[29] 王桂英. 低温水散热器在热泵系统中的运用[J]. 暖通空调，2015(E04): 5.

[30] 中国可再生能源学会. 可再生能源与低碳社会[M]. 北京：中国科学技术出版社，2016.

[31] 雅凯热能科技（上海）有限公司. 低温水散热器在热泵系统中的运用[J]. 暖通空调，2015(8): 1-5.

[32] 李翠敏，方修睦，赵加宁，等. 毛细管重力循环供热装置的设计及热工性能的实验研究[C]//全国暖通空调制冷 2008 年学术文集，2008: 29-33.

[33] 贺平，孙刚，王飞，等. 供热工程[M]. 北京：中国建筑工业出版社，2009.

[34] 王飞，梁鹂，杨晋明，等. 典型供热工程案例与分析[M]. 北京：中国建筑工业出版社，2020.

[35] 刘玉明. 工程经济学[M]. 北京：清华大学出版社，2006.

[36] 吕泉，姜浩，陈天佑，等. 基于电锅炉的热电厂消纳风电方案及其国民经济评价[J]. 电力系统自动化，2014，38(1): 6-12.

[37] 崔明勇，王楚通，王玉翠，等. 独立模式下微网多能存储系统优化配置[J]. 电力系统自动化，2018，42(4): 30-38，54.

[38] GOLDBERG D E. Genetic algorithms in search, optimization and machine learning[M]. Reading, MA: Addison-Wesley Professional, 1989.

[39] LEVY S. Genetic Algorithms in Search Optimization and Machine Learning[M]. New Whole Earth LLC, 1991.

[40] AUDET C, DENNIS E J. Analysis of Generalized Pattern Searches[J]. Siam Journal on Optimization, 2002, 13(3): 889-903.

[41] LIU W, LUND H, MATHIESEN B V. Large-scale integration of wind power into the existing Chinese energy system[J]. Energy, 2011, 36(8): 4753-4760.

[42] SINDEN G. Characteristics of the UK wind resource: Long-term patterns and relationship to electricity demand[J]. Energy Policy, 2007, 35(1): 112-127.

[43] 曹慧哲，贺志宏，何钟怡. 基于图论的环状管网慢变流的计算研究[J]. 哈尔滨工业大学学报，2007，(10): 1559-1563.

[44] 王晋达. 基于遗传算法的供热管网阻力系数优化辨识研究[D]. 哈尔滨：哈尔滨工业大学，2015.

[45] 唐卫. 热力站自动监控系统基本思路与控制模式分析[J]. 区域供热，2001，(05): 9-13.

[46] ZHENG J F, ZHOU Z G, ZHAO J N, et al. Function method for dynamic temperature simulation of district heating network[J]. Appl. Therm Eng., 2017, 123(68): 2-8.

[47] PEETERS L, HELSEN L, D'HAESELEER W. The impact of thermal

storage on the operational behaviour of residential CHP facilities and the overall CO_2 emissions[J]. Renewable & Sustainable Energy Reviews, 2007, 11(6): 1227-1243.

[48] VERDA V, COLELLA F. Primary energy savings through thermal storage in district heating networks[J]. Energy, 2011, 36(7): 4278-4286.

[49] INGVARSON L C O, WERNER S. Building mass used as short term heat storage[C]//11th International Symposium on District Heating and Cooling, Reykjavik, Iceland, 2008-08-31-2008-9-2.

[50] DRÉAU J L, HEISELBERG P. Energy flexibility of residential buildings using short term heat storage in the thermal mass[J]. Energy, 2016, 111: 991-1002.

[51] KENSBY J. Utilizing buildings as short-term thermal energy storage[C]// The 14th International Symposium on District Heating and Cooling, 2014-09-07.

[52] KENSBY J, TRUSCHEL A, DALENBACK J O. Potential of residential buildings as thermal energy storage in district heating systems-Results from a pilot test[J]. Applied Energy, 2015, 137(1): 773-781.

[53] 贺平, 孙刚, 王飞, 等. 供热工程[M]. 北京: 中国建筑工业出版社, 2009.

[54] MITCHELL J E, FARWELL K, RAMSDEN D. Interior Point Methods for Large-Scale Linear Programming[M]. US: Springer, 2006.

[55] 吴志强, 吴志华, 宋晓辉, 等. 城市居民负荷特性调查研究分析[J]. 电网技术, 2006(S2): 659-662.

[56] 孟明, 陈世超, 赵树军, 等. 城市配电网居民住宅和商业负荷特性对比分析[J]. 电力系统及其自动化学报, 2018, 30(4): 97-103.